INDUSTRIAL DESIGN DATA BOOK

工业设计资料集

家具·灯具·卫浴产品

分册主编　单晓彤　汤重熹
总 主 编　刘观庆

中国建筑工业出版社

《工业设计资料集》总编辑委员会

顾　　问	朱　焘　王珮云（以下按姓氏笔画顺序）	
	王明旨　尹定邦　许喜华　何人可　吴静芳　林衍堂　柳冠中	
主　　任	刘观庆	江南大学设计学院教授
		苏州大学应用技术学院教授、艺术系主任
	张惠珍	中国建筑工业出版社编审、副总编辑
副 主 任	（按姓氏笔画顺序）	
	于　帆	江南大学设计学院副教授、工业设计系副主任
	叶　苹	复旦大学上海视觉艺术学院教授、教务长
	江建民	江南大学设计学院教授
	李东禧	中国建筑工业出版社第四图书中心主任
	何晓佑	南京艺术学院教授、副院长兼工业设计学院院长
	吴　翔	东华大学服装·艺术设计学院教授、工业设计系主任
	汤重熹	广州大学教授、中国工业设计协会副会长
	张　同	复旦大学上海视觉艺术学院教授、院长助理兼设计学院院长
	张　锡	南京理工大学机械工程学院教授、设计艺术系主任
	杨向东	广东工业大学教授、华南工业设计院院长
	周晓江	中国计量学院艺术与传播学院副教授、工业设计系主任
	彭　韧	浙江大学计算机学院副教授、数字媒体系副主任
	雷　达	中国美术学院教授
委　　员	（按姓氏笔画顺序）	

于　帆	王文明	王自强	卢艺舟	叶　苹	朱　曦	刘观庆	刘　星
江建民	严增新	李东禧	李亮之	李　娟	肖金花	何晓佑	沈　杰
吴　翔	吴作光	汤重熹	张　同	张　锡	张立群	张　煜	杨向东
陈丹青	陈杭悦	陈海燕	陈　嬿	周晓江	周美玉	周　波	俞　英
夏颖翀	高　筠	曹瑞忻	彭　韧	蒋　雯	雷　达	潘　荣	戴时超

总 主 编　刘观庆

《工业设计资料集》8
家具·灯具·卫浴产品
编辑委员会

主　　编　　单晓彤　　汤重熹
副 主 编　　杨向东　　余　宇
编　　委　　刘恩华　　向智钊　　黎锐垣　　冯宝亨
　　　　　　　　线文瑾　　梁祝熹　　高翠萍　　周　照
　　　　　　　　林　翎　　薛　渝　　潘　翔　　谢　芬
　　　　　　　　肖　玲

总　序

造物，是人类得以形成与发展的一项最基本的活动。自从200万年前早期猿人敲打出第一块砍砸器作为工具开始，创造性的造物活动就没有停止过。从旧石器到新石器，从陶瓷器到漆器，从青铜器到铁器……材料不断更新，技艺不断长进，形形色色的工具、器具、用具、家具、舟楫、车辆以及服装、房屋等等产生出来了。在将自然物改变成人造物的过程中，也促使人类自身逐渐脱离了动物界。而且，东西方不同的民族以各自的智慧在不同的地域创造了丰富多彩的人造物形态，形成特有的衣食住行的生活方式。而后通过丝绸之路相互交流、逐渐交融，使世界的物质文化和精神文化显得如此绚丽多姿、光辉灿烂。

进入工业社会以后，人类的造物活动进入了全新的阶段。科学技术迅猛发展，钢铁、玻璃、塑料和种种人工材料相继登场，机器生产取代了手工业，批量大，质量好，品种多，更新快，新产品以几何级数递增，人造物包围了我们的世界。一门新的学科诞生了，这就是工业设计。产品设计自古有之，手工艺时代，设计者与制造者大体上并不分离；机器生产时代，产品批量化生产，设计者游离出来，专门提供产品的原型，工业设计就是这样一种提供工业产品原型设计的创造性活动。这种活动涉及产品的功能、人机界面及其提供的服务问题，产品的性能、结构、机构、材料和加工工艺等技术问题，产品的造型、色彩、表面装饰等形式和包装问题，产品的成本、价格、流通、销售等市场问题，以及诸如生活方式、流行、生态环境、社会伦理等宏观背景问题。进入信息时代、体验经济时代以来，技术发生了根本性的变革，人们的观念改变、感性需求上升，不同文化交流、碰撞和交融，旧产品不断变异或淘汰，新产品不断产生和更新，信息化、系统化、虚拟化、交互化……随着人造物世界的扩展，其形态也呈现出前所未有的变化。

人造物世界是人类赖以生存的物质基础，是人类精神借以寄托的载体，是人类文化世界的重要组成部分。虽然说不上人造物都是完美的，虽然人造物也有许多是是非非，但她毕竟是人类的杰出成果。将这些人类的创造物汇集起来，展现出来，无疑是一件十分有意义的事情。

中国建筑工业出版社从20世纪60年代开始就组织出版了《建筑设计资料集》，并多次修订再版，继而有《室内设计资料集》、《城市规划资料集》、《园林设计资料集》……相继问世。三年前又力主组织出版《工业设计资料集》。这些资料集包含的其实都是各种不同类型的人造物，其中《工业设计资料集》包含的是人造物的重要组成部分，即工业化生产的产品。这些资料集的出版原意虽然是提供设计工具书，但作为各种各样人造物及其相关知识的汇总与展现，是对人类文化成果的阶段性总结，其意义更为深远。

《工业设计资料集》的编辑出版是工业设计事业和设计教育发展的需要。我国的工业设计经过长期酝酿，终于在20世纪七八十年代开始走进学校、走上社会，在世纪之交得到政府和企业的普遍关注。工业设计已经有了初步成果，可以略作盘点；工业设计正在迅速发展，需要资料借鉴。工业设计的基本理念是创新，创新要以前人的成果为基础。中国建筑工业出版社关于编辑出版《工业设计资料集》的设想得到很多高校教师的赞同。于是由具有40多年工业设计专业办学历史的江南大学牵头，上海交通大学、东华大学、浙江大学、中国美术学院、浙江工业大学、中国计量学院、南京理工大学、南京艺术学院、广东工业大学、广州大学、复旦大学上海视觉艺术学院、苏州大学应用技术学院等十余所高校的教师共同参加，组成总编辑委员会，启动了这一艰巨的大型设计资料集的编写工作。

中国建筑工业出版社委托笔者担任《工业设计资料集》总主编，提出总体构想和编写的内容体例，经总编委会讨论修改通过。《工业设计资料集》的定位是一部系统的关于工业化生产的各类产品及其设计知识的大型资料集。工业设计的对象几乎涉及人们生活、工作、学习、娱乐中使用的全部产品，还包括部分生产工具和机器设备。对这些产品进行分类是非常困难的事情，考虑到编写的方便和有利于供产品设计时作参考，尝试以产品用途为主兼顾行业性质进行粗分，设定分集，再由各分集对产品具体细分。由于工业产品和过去历史上的产品有一定的延续性，也收集了部分中外古代代表性的产品实例供参照。

资料集由10个分册构成，前两分册为通用性综述部分，后八分册为各类型的产品部分。每分册300页左右。第1分册是总论；第2分册是机电能基础知识·材料及加工工艺；第3分册是厨房用品·日常用品；第4分册是家用电器；第5分册是交通工具；第6分册是信息·通信产品；第7分册是文教·办公·娱乐用品；第8分册是家具·灯具·卫浴产品；第9分册是医疗·健身·环境设施；第10分册是工具·机器设备。

资料集各分册的每类产品范围大小不尽相同，但编写内容都包括该类产品设计的相关知识和产品实例两个方面。知识性内容包含产品的基本功能、基本结构、品种规格等，产品实例的选择在全面性的基础上注意代表性和特色性。

资料集编写体例以图、表为主，配以少量的文字说明。产品图主要是用计算机绘制或手绘的黑白单线图，少量是经过处理的照片或有灰色过渡面的图片。每页页首有书眉，其中大黑体字为项目名称，括号内的数字为项目编号，小黑体字为该页内容。图、表的顺序一般按页分别编排，必要时跨页编排。图内的长度单位，除特殊注明者外均采用毫米（mm）。

《工业设计资料集》经过三年多时间、十余所高校、数百位编写者的日夜苦干终于面世了。这一成果填补了国内和国际上工业设计学科领域系统资料集的出版空白，体现了规模性和系统性结合、科学性和艺术性结合、理论性和形象性结合，基本上能够满足目前我国工业设计学科和制造业迅速发展对产品资料的迫切需求，有利于业界参考，有利于国际交流。当然，由于编写时间和条件的限制，资料集并不完善，有些产品收集的资料不够全面、不够典型，内容也难免有疏漏或不当之处。祈望专家、读者不吝指正，以便再版时修正、补充。

值此资料集出版之际，谨向支持本资料集编写工作的所有院校、付出辛勤劳动的各位专家、学者和学生们表示最崇高的敬意！谨向自始至终关心、帮助、督促编写工作的中国建筑工业出版社领导尤其是第四图书中心的编辑们致以诚挚的谢意！

愿这部资料集能为推动我国工业设计事业的发展，为帮助设计师创造出更新更美的产品，为建设创新型社会作出贡献！

2007年5月

前 言

《工业设计资料集》由10个分册组成，本册是关于家具·灯具·卫生产品的分册。

人们生活在物质的环境中，而物质环境都是有形有体的，是一个由诸多产品组成的形象世界。它不仅决定物质的生活空间，也决定精神生活的空间，产品造型设计的发展演变，不是孤立的、单一的现象，无论是它的造型或是装饰，都必定与当时期的社会、政治，文化因素息息相关。

我们不能单一地去评议它的色彩与造型，而应从历史、经济、文化与技术的角度作互相交叉、互相影响，综合起来作深层次的思考与研究。当然，在其演变过程中，人们的审美观念、欣赏水平和经济水平都起着一定的作用，影响并产生不断的变化，但更重要的根本原因正如德国现代的设计学学者海因茨·富克斯所说："在个人生活代代相传的过程中，世界观本身发生了变化，正像我们所知道的，社会和政治结构的深层原因在世界观里总是可以找到依据的。同样，被制造的产品的造型和功能在一定意义上也表达了这个观点，产品的造型和功能以这种方式本身作为一个社会现实部分得到体现"。

产品是社会经济与文化的一面镜子。由于城市商品经济的发展，生产关系日益成型，科学技术在生产和生活中的重要性大大增加，文化上已进一步反映人们生活的利益和要求。这一要求被集中地表达在产品设计中，这本图录所收集显示的产品无论是家具，还是灯具、卫生洁具，都可以从产品中找到当时期的造形风格。它形象地反映了当时的产品设计对功能与形式的认识，同时也显示技术与材料的发展状况。

我国家具的起源是世界家具史上最古老的国家之一，并以明式家具作为中国家具的代表。家具是人们日常生活最常用的物质器具。家具随着社会的不断进步而演化着、发展着，是最直接地反映了各个时代人们的生活与生产力水平，它将科技、材料、文化和艺术融为一体。家具即是一种生活工作必不可少的实用物品，也是一种体现地域文化传统的艺术品。有史以来家具的设计和建筑、室内、环境等设计艺术的形式同步发展，成为人类艺术的重要组成部分。家具不仅反映社会物质文明的发展，也显示了人文精神的进步。

卫生洁具的设计与其他日用器具设计一样，与人息息相关。我们从这些设计中不光体察到物的使用时的方便，更体察到时代、科技、艺术与文化的高度融合。陶瓷卫生洁具设计与其他产品设计的区别及其特殊性在于首先必须考虑到使用的人、性别、使用方式、使用场所、以及各国卫生方面的各类标准。卫生洁具的使用方式与目的，左右了器物的尺寸大小与形式设计，同时还必须考虑水量、水流及其产生的噪声、摩擦、污物嗅味的处理等一切与人有关的问题，并注意到使用者操作过程中的安全性等一系列问题。从这一点上看，卫生洁具产品设计的成败，水平的高低往往取决于设计师对人的关心程度，对人体工程学的理解、知晓及驾驭的能力。

本分册的编撰力求整体的系统性与局部的典型性的兼顾。但由于篇幅和时间等局限，在产品类型方面难以面面俱到，虽然采用线描形式以追求资料集的统一，可是也使产品所具有的材料质感色泽等复杂特点的表达受到一定的影响。因编撰人员知识、经验等问题，本书难免疏漏、错误和不当之处，恳请各位专家批评，指正。

单晓彤　汤重熹

2010年12月

目　录

001-148

- 001　1　家具概述
- 001　　家具的概念与范畴
- 001　　家具的分类
- 004　　家具的设计

- 008　2　中国家具
- 008　　中国家具概述
- 008　　木制家具的支架结构
- 013　　商、周、战国时期家具
- 019　　秦汉魏晋南北朝时期家具
- 023　　隋唐五代时期家具
- 028　　宋辽金元时期家具
- 032　　明代家具
- 041　　清朝家具

- 049　3　西方家具
- 049　　西方现代家具设计概述
- 049　　现代主义前期
- 052　　早期美国现代主义
- 054　　新艺术运动
- 061　　装饰艺术运动
- 063　　国际风格包豪斯
- 066　　现代主义
- 092　　西方当代家具设计
- 111　　世界获奖作品

- 141　4　灯具
- 141　　概述
- 141　　吊灯
- 145　　吸顶灯
- 148　　落地灯

150-218

- 150　　壁灯
- 152　　台灯
- 158　　筒灯
- 159　　射灯
- 161　　浴霸
- 166　　节能灯

- 167　5　卫浴洁具
- 167　　卫浴洁具概述
- 167　　常见的卫浴洁具的分类
- 167　　卫浴产品设计的一般原则
- 168　　洗脸盆
- 178　　浴缸
- 184　　按摩浴缸
- 186　　淋浴房
- 189　　木桶
- 191　　坐便器
- 197　　蹲便器
- 199　　小便器
- 201　　妇洗盆
- 206　　地拖桶
- 208　　水龙头
- 208　　花洒
- 212　　卫浴配件
- 213　　香皂盒
- 215　　马桶刷架
- 216　　置物架
- 216　　杯架
- 217　　毛巾架

- 218　后记

[1] 家具概述

家具的概念与范畴·家具的分类

家具的概念与范畴

家具，又称家私、家什、傢具、傢俬等，是家用器具之意，通常由若干个零部件按一定接合方式装配而成，已成为室内外装饰的重要组成部分。

家具的范畴有广义、狭义之分：广义的家具是指人类维持正常生活、从事生产实践和开展社会活动必不可少的一类器具；狭义的家具是指在生活、工作或社会实践中供人们坐、卧或支承与贮存物品的一类器具与设备。

家具的类型、数量、功能、形式、风格和制作水平，以及当时的占有情况，不仅反映了一个国家与地区在某一历史时期的社会生活方式、社会物质文明的水平，以及历史文化特征。同时家具还是一种广为普及的大众艺术；它既要满足人们生活中的一些特定的功能需要，又要在外观形式上满足人们的审美要求，使人在使用过程中感到身体舒适的同时，在接触的过程又能使人们的审美快感需求得到满足。可以说，家具既是物质产品，同时又是艺术创作。

家具的分类

随着社会的进步与发展，人们生活方式也在不断变化，家具的功能、结构、材料、使用环境等因素日益丰富，以致现时的家具种类繁多。家具的分类方式有很多种，一般可以按家具的功能、结构、材料、工艺、使用环境等进行分类。

1. 按材料与加工工艺分类

主要是按照产品的主要使用材料和加工工艺分类

名 称	定 义
木家具	主要部件由木材或木质人造板材料制成的家具
金属家具	主要部件由金属材料制成的家具
软体家具	主要部件一般采用弹性材料和软质材料制成的家具
钢木家具	主要部件由金属和木质材料制成的家具
塑料家具	主要部件由塑料制成的家具
竹家具	主要部件由竹材制成的家具
藤家具	用藤材制成的家具
玻璃家具	主要部件由玻璃制成的家具
框式家具	以榫眼结合的框架为主体结构的家具
板式家具	以人造板为基材或部件为主体结构的家具
组合家具	由部件或可独立使用的单体，组成一个整体的家具
曲木家具	主要部件采用木材或木质人造材料弯曲或模压成型工艺制造的家具
折叠家具	可以收展改变形状的家具
木制宾馆家具	宾馆、酒店等客房内使用的家具

家具概述 [1] 家具的分类

2.按使用功能分类

按照家具的使用功能,即以柜类家具、桌类家具、坐具类家具、床类家具和箱、架类家具进行常见品种分类。

柜类家具常见种类

名 称	定 义
大衣柜	柜内挂衣空间深度不小于530mm,挂衣棍上沿至底板内表面距离不小于1400mm,用于挂大衣及存放衣物的柜子
小衣柜	柜内挂衣空间深度不小于530mm,挂衣棍上沿至底板内表面距离不小于900mm,用于挂短衣及存放衣物的柜子
床边柜	置于床头,用于存放零物的柜子
书柜	放置书籍、刊物等的柜子
文件柜	放置文件、资料的柜子
食品柜	放置食品、餐具等的柜子
行李柜	放置行李箱包及存放物品的低柜
电视柜	放置影视器材及存放物品的多功能柜子
陈设柜	摆设工艺品及物品的柜子
厨房家具	用于膳食制作,具有存放及储藏功能的橱柜
实验柜	用于实验室、实验分析的柜子

桌几类家具常见种类

名 称	定 义
餐桌	用于就餐使用的桌子
写字桌	用于书写、办公使用的桌子
课桌	学生上课用的桌子
梳妆桌	供梳妆用的桌子
会议桌	供会议使用的桌子
茶几	与沙发或扶手椅配套使用的小桌
折桌	可折叠的桌子
阅览桌	供阅览报刊杂志、文件资料使用的桌子

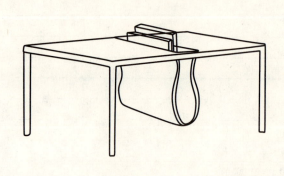

坐具类家具常见种类

名　称	定　义
沙发	使用软质材料、木质材料或金属材料制成，具有弹性，有靠背的坐具
木扶手沙发	木制扶手的沙发
海绵沙发	座面主要使用泡沫塑料制成的沙发
沙发椅	采用木材制成，有靠背和扶手，形似沙发的坐具
椅子	有靠背的坐具
扶手椅	有扶手，内宽不小于460mm的椅子
转椅	可转动变换方向，座面可调节高度的椅子
课椅	学生上课用的椅子
公共座椅	公共场所内使用的坐具
折椅	可折叠的椅子
凳	无靠背的坐具

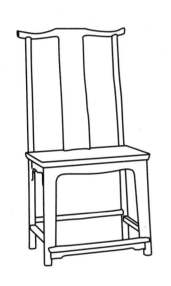  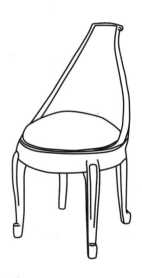

床类家具常见种类

名　称	定　义
双人床	床面宽度不小于1200mm的床
单人床	床面宽度不小于720mm的床
双层床	分上下两层的床
童床	供婴儿、儿童使用的小床
折叠床	可折叠的床
床垫	以弹性及软质衬垫物为内芯材料，表面罩有纺织面料或软席等其他材料制成的卧具

3. 除了以上几种分类方式，还可以按历史、地域、风格流派等分类。

家具概述 [1] 家具的设计

家具的设计

1. 家具设计概述

家具设计不仅仅是一门艺术，还是一门应用科学。一般意义上的家具设计是指用模型或者效果图和文字说明等方法，表达家具的造型、功能、尺度与尺寸、色彩、材料和结构。主要包括造型设计、结构设计及工艺设计三个方面。设计的整个过程包括收集资料、构思、绘制草图、评价、试样、再评价、绘制生产图等。设计出一件美观实用的家具需要设计师考虑很多相关因素，基本概括为以下三个因素：

(1) 实用

设计首先要满足使用者的需要，坚固耐用，形状和尺寸符合人机工程学，给工作和生活创造便利、舒适的条件。

(2) 安全

在满足使用者多种需求的同时，保证使用者的健康和安全。无论材料、结构对人体都没有健康隐患，也是设计的重要因素。

(3) 美观

优秀的设计除了满足实用功能之外，还应满足人们的审美需求。主要表现在：造型、色彩、肌理质感、装饰。同时必须考虑家具造型形象与所处环境、时代、地域产生共鸣，这样的家具才能唤起人们美的感受。

此外，家具设计也应遵循绿色设计的原则来进行发展。因此，家具的设计过程中设计师还需考虑制造、包装、运输、使用、报废处理等多个环节因素，用设计优化资源利用。

2. 家具设计与人机工程学

在家具设计中，人机工程学从理性分析的角度给家具设计以科学依据和理论依据。家具的形状、颜色、布局等因素与人机工程的关系分析是家具设计的重要环节。在市场中面对不同的消费者，家具不仅要符合人的生理状态和心理需求，同时达到安全、实用、方便、舒适和美观是家具设计的目的。优秀的家具设计是可以涵盖形态和人机因素的，产品的造型本身也可以兼顾人机工程的应用。

3. 常用家具设计尺寸参考

床类家具尺寸（单位：mm）

种类	规格	长	宽	高
双人床	大	2000(1950)	1800	460(440)
双人床	中	2000(1950)	1500	440(420)
双人床	小	1950(1900)	1350	440(420)
单人床	大	2000(1950)	1200	460(440)
单人床	中	2000(1950)	1100(1000)	440(420)
单人床	小	1950(1900)	900(800)	440(420)
小儿床	大	1250	700	600
小儿床	一般	1000	550	600
双层床		1850～2000	700～900	900～1050（上下床之间距离）

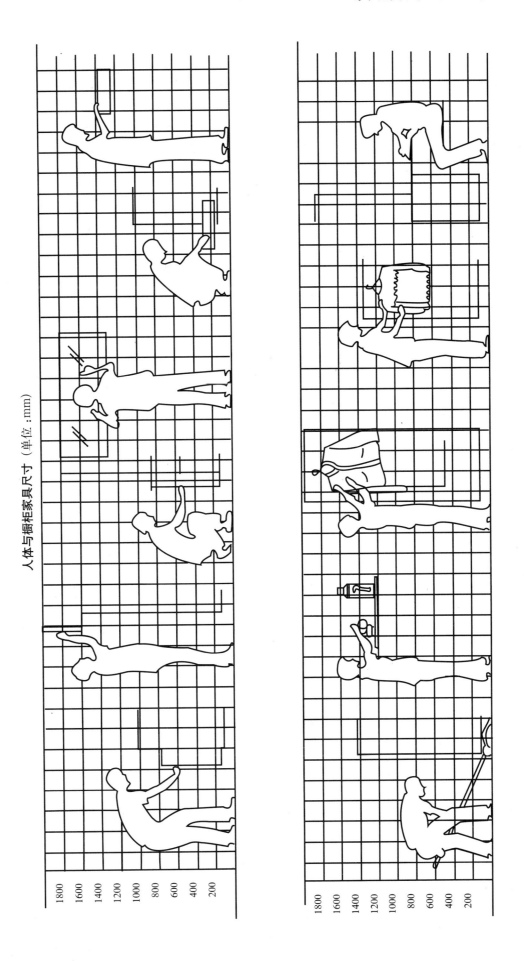

人体与橱柜家具尺寸（单位：mm）

家具概述 [1] 家具的设计

椅类家具尺寸（单位：mm）

	靠背椅			扶手椅			沙发			躺椅		
	较小	一般	较大	较小	一般	较大	较小	一般	较大	较小	一般	较大
h/mm	790	800	820	790	800	820	780	820	900		800	
h_1/mm	430	440	450	430	440	450	360	580	400		370	
h_2/mm	405	415	425	405	415	425	310	530	350		250	
h_3/mm				630	640	650	530	550	560		450	
h_4/mm	390	390	400	390	390	400	490	510	600		520	
h_5/mm											280	
W/mm	420	435	450	530	540	560	700	720	730	730	760	800
W_1/mm	390	405	420	450	460	480	530	550	560	530	550	580
W_2/mm				420	450	450	490	510	500	500	520	540
D/mm	520	525	545	540	555	560	750	770	790	930	950	970
D_1/mm	415	420	440	425	435	450	500	520	560	480	500	520
∠A	3°25′	3°20′	5°15′	3°22′	3°18′	3°12′	6°24′	6°18′	6°10′		14°	
∠B	97°	97°	98°	97°	98°	100°	104°	105°	105°		129°	
∠C											142°	

家具的设计 [1] 家具概述

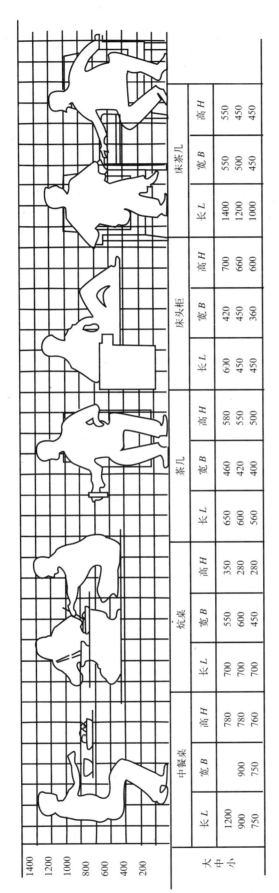

人体与几案类、橱柜类家具尺寸（单位：mm）

	长L	宽B	高H
中餐桌	1200	900	780
	900	750	780
	750		760
炕桌	700	550	350
	700	600	280
	700	450	280
茶几	650	460	580
	600	420	550
	560	400	500
床头柜	600	420	700
	450	450	660
	450	360	600
床茶几	1400	550	550
	1200	500	450
	1000	450	450

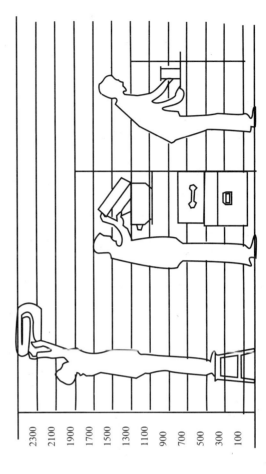

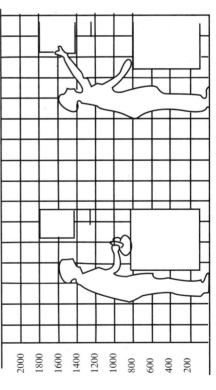

中国家具 [2] 中国家具概述·木制家具的支架结构

中国家具概述

家具是人与空间的媒介，与我们的日常生活密切相关，为居家必备之器。在古代，人们又将其称为"家生"。中国古典家具的历史可以追溯到距今约5600年前，其历史悠久，自成体系，具有强烈的中国特色与民族风格。它的发展历史，是伴随着人们生活习惯和生产力的发展而变化的。

汉魏以前，我国人民起居方式为席地而坐，所以家具一般都形体较矮。自南北朝开始，随着佛教的传入，人们跪坐观念的淡薄、衣饰变化及民族间的交流等多种因素的影响，逐渐习惯垂足而坐。于是凳、扶手椅等婉雅秀逸的渐高型家具随之产生。不过，人们千万年来形成的传统生活方式尚未完全改变，隋唐五代时期，垂足坐的休憩方式才逐渐普及，但席地坐的习惯亦未绝迹，故而这时高低型家具并存。宋代以后，高型家具及垂足坐才完全代替了席地坐的生活方式。高型家具经过宋、元两朝的普及发展，到明代中期，已取得了很高的艺术成就，使家具艺术进入成熟阶段，明式家具追求神态韵律，以造型古朴典雅为特色，其结构严谨、做工精细被誉为"东方艺术的一颗明珠"。清代家具，承明余绪，雍容华贵，以其富有美感的永恒魅力吸引着中外人士。

由于受民族特点、风俗习惯、地理气候、制作技巧等的影响，中国古代传统家具走着与西方家具迥然不同的道路，形成一种工艺精湛、不轻易装饰、耐人寻味的东方家具体系，深深地影响着世界家具及室内装饰的发展。

黄花梨有束腰鼓腿彭牙大方凳　　民间迎门柜　　条案、交椅

木制家具的支架结构

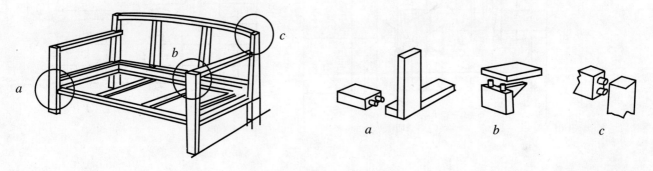

木制家具的支架结构 [2] 中国家具

1 榫接部位名称与榫头形状

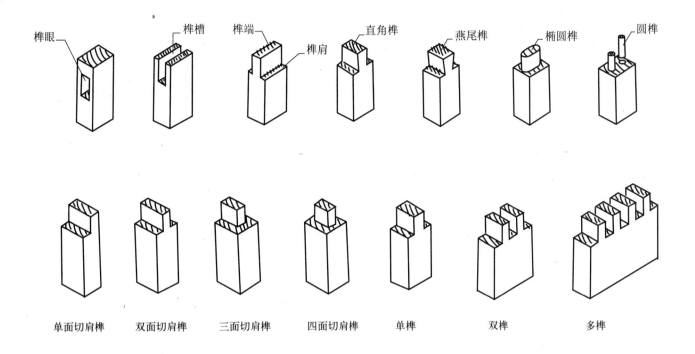

2 榫接形式与构造

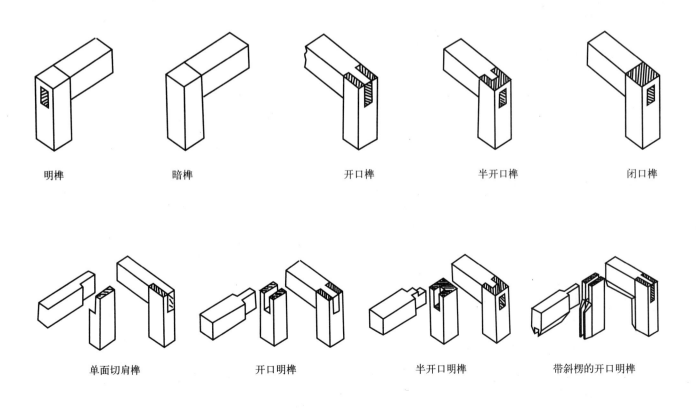

中国家具 [2]　木制家具的支架结构

3 板的镶端结构

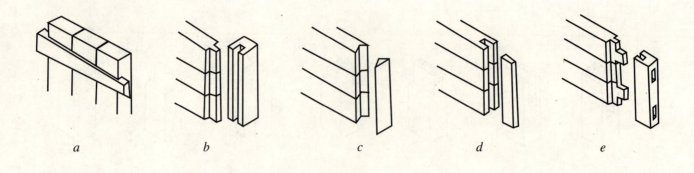

a　　　b　　　c　　　d　　　e

4 接长结合方法

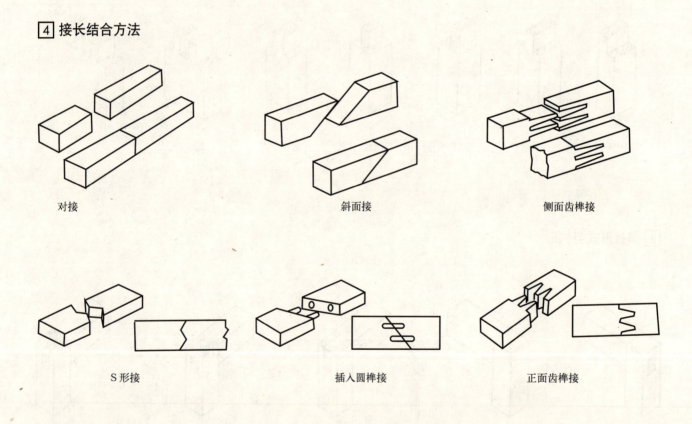

对接　　　　　　　斜面接　　　　　　侧面齿榫接

S形接　　　　　　插入圆榫接　　　　正面齿榫接

5 中档结合形式

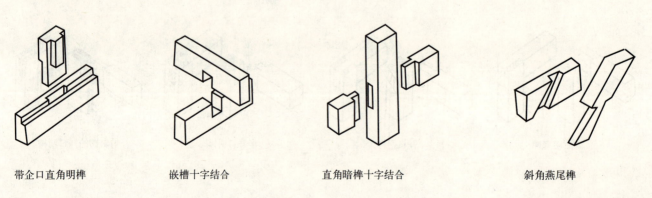

带企口直角明榫　　嵌槽十字结合　　直角暗榫十字结合　　斜角燕尾榫

木制家具的支架结构 ［2］中国家具

6 榫接形式

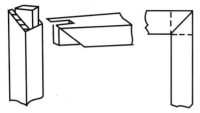
双肩斜角交叉贯通榫

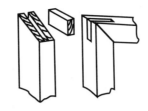
双肩斜角插入明榫

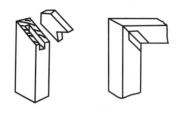
双肩斜角插入暗榫

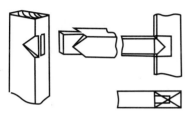
厚薄夹角插肩榫

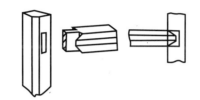
包肩夹角榫

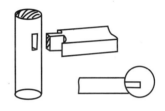
圆柱后包肩榫

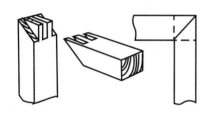
双肩斜角贯通榫

双肩斜角不贯通双榫

双肩斜角插入圆榫

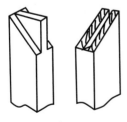
双肩斜角明榫

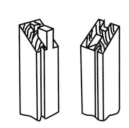
双肩斜角闭口贯通纵向双榫

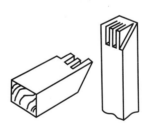
单肩斜角开口不贯通双榫

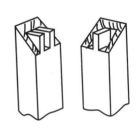
双肩斜角暗榫

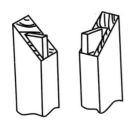
单肩斜角暗榫

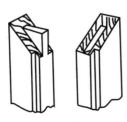
单肩斜角暗榫

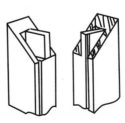
双肩斜角暗榫

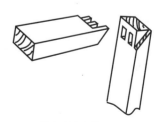
俏皮割角双榫

中国家具 [2]　木制家具的支架结构

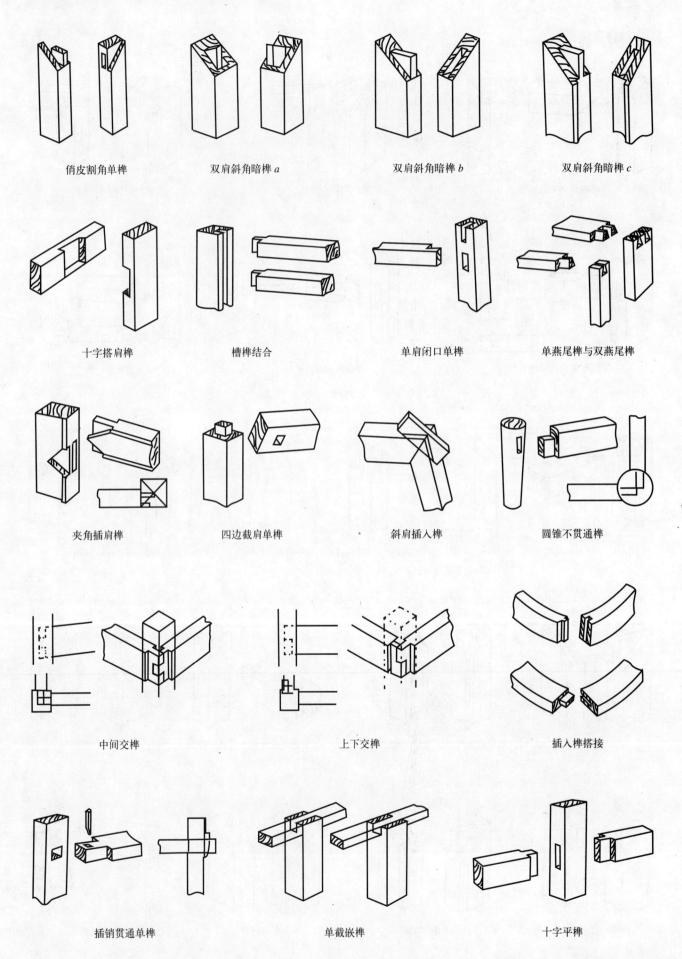

商、周、战国时期家具

中国从距今三千多年前的殷商时期开始进入了一个光辉灿烂的青铜时代,随着青铜冶炼和铸造技术的进步,开始出现了锋利的金属工具,这为家具制作提供了便利条件。因此,西周以后木质家具逐渐增多。

在先民的日常生活中,祭祀活动占有至高无上的地位,礼器成为这一时期最重要的器物,其中也有一部分器物可视为早期的家具。

同时商代已出现了比较成熟的髹漆技术,并被运用到床、案类家具的装饰上。其中木制品大部分都以漆髹饰,一则为了美观,显示家具主人的身份和地位,二则是对木材起保护作用。其中部分家具还镶嵌有象牙、松石等,技术达到了很高的水平。

商周家具的造型与装饰,无不反映强大的奴隶制国家的神权、族权和政权统一的特点,等级分明的宗法制度,以及强悍和神秘的时代特点。

1 箱

随着木工和青铜工艺的发展到了西周末期,出现了相应的盛置类家具。精美的青铜盒和漆木盒在使用和造型上都已经趋于固定的模式,盛置类的家具分工也日趋明显。箱、柜的使用约在夏、商时期开始,当时的柜和今天的箱子造型非常相似。当时的箱子并不是现时所见的样子,而是指车内存放东西的地方。

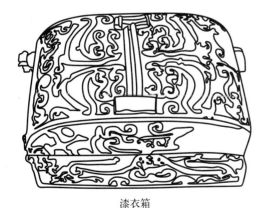

漆衣箱

2 床

在中国古代,床不仅是睡觉休息的地方,也是一种简易的坐具。《说文》中描述道:"床,安身之坐也"。早在1957年春末夏初,在河南信阳长台关发掘的一号楚墓出土了一张战国时期彩漆木床,长为2180毫米,宽为1390毫米,高为440毫米,其形态特征与现代用的床非常相似。床的四面都有能够拆卸的护栏,而且左右两边的护栏分别预留一个缺口,方便使用者上下床。

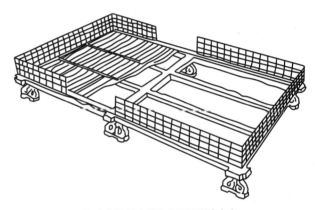

河南信阳长台关出土战国彩漆木床

3 俎

俎,即礼俎,起始于祭祀,是用于切肉或是放置祭物的器具,和禁一样都是常在祭祀时使用的。商代的俎也叫"棋"。

随着人类物质文明的不断发展,俎的外观形式也在不断的变化。俎的表面大体上可以分为平面的俎和凹面的俎;从俎的支撑形式上分又可以分为四脚俎和壁脚俎;俎的材料也比较多样化,但当时常用的材料为木材、陶、青铜等。在中国的商、周时期,人们会根据人使用的俎数量的多少来判断对方的等级和地位,通常使用俎数量多的人家为上流家族;反之,使用俎数量少甚至没有的人家通常为当时社会的底层百姓。

中国家具 [2]　商、周、战国时期家具

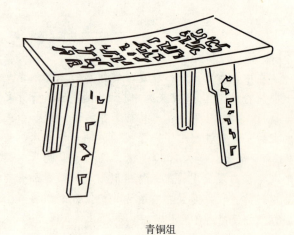

青铜俎

漆俎

楚墓箱形足榫接合式漆俎

战国漆俎

大房俎

信阳长台关出土战国漆俎

注：战国在漆工史上是一个极为重要的时期，器物品种和髹（xiū，指把漆涂在器物上）饰技法等都有很大的发展。通过髹漆，在俎面、俎板的边沿以及足的外面绘有各种朱色纹理。

商、周、战国时期家具 [2] 中国家具

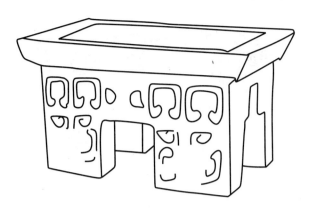

河南大司空村殷墓出土石俎

注：俎面为长方形，四周雕出高于面心的挡水线，下面凿出四足，两足间呈壶门形，外面雕出两组兽面纹。
注释：于伸．木样年华—中国古代家具[M]．天津：百花文艺出版社，2006.28．

梡俎

嶡俎

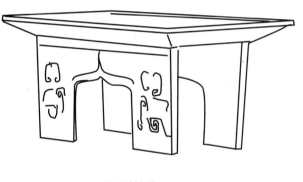

西周悬铃铜俎

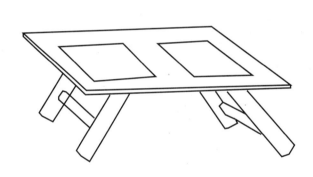

椇

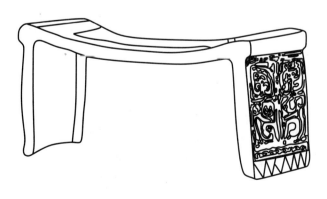

西周青铜蝉纹铜俎

房俎

中国家具 [2] 商、周、战国时期家具

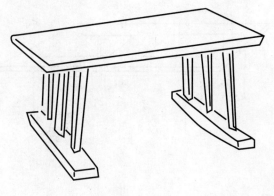

栅形直足漆俎

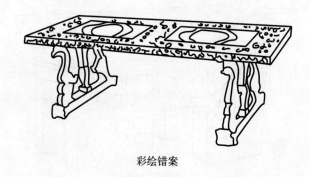

彩绘错案

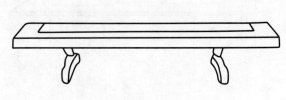

黑漆俎

长沙刘城桥楚墓漆案

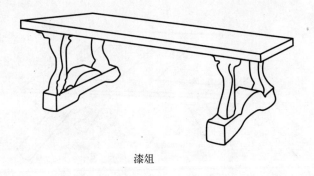

漆俎

错金银青铜龙凤案

4 案

案是一种案面呈长方形，下有足的承托家具，多为木制。

古代的案主要有两种功用：

一是盘盂之类的器物，即当时人们进食时使用的家具。分食制的用餐方式，是我国古代饮食的传统习俗。春秋战国及更早时期，人们都是席地而坐，把分好的菜肴放在案上，每人一份端到各人席前。像现在多人一桌菜肴的合食方式不过一千年历史，并不是中国最古老的传统饮食方式。

二是指狭长的承具。如平头案、书案等。在古代还按不同的制作材料来分，有木案、漆案、陶案、铜案等。案和俎在功能上是不同的，案的造型和装饰手法上比同时期的俎更为丰富多样。

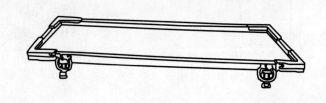

金银彩绘漆案

商、周、战国时期家具 [2] 中国家具

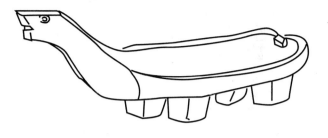

武夷山白岩崖墓木案

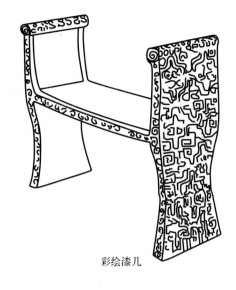

彩绘漆几

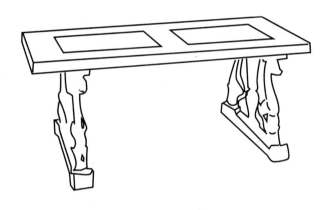

浮雕漆案

信阳长台关出土战国漆几

5 几

几，坐所以凭也《说文》。几，是古人席地而坐时依凭的家具，通常是为尊者设之。现代生活中人们经常把几和案相提并论，这是因为它们在其形式上难以划出清晰的界限。一般把似案而小者称为"几"。当时人们生活习惯是坐、跪于地上，所以几、案都比较低。

春秋时期的几包含三部分结构——几面、腿、足座，用榫卯的方式结合而成，表面没有过多装饰，呈黑色。根据造型不同又可分两种：一种是有横趾单足，长条形面板两端各有一腿，腿下有足座横趾；另一种是栅形直足，面板呈长方形。

战国时期的几在制作上比春秋时期的更加精美，在形式上则没有什么太大的差异。

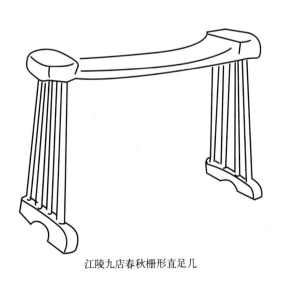

江陵九店春秋栅形直足几

17

中国家具 [2]　商、周、战国时期家具

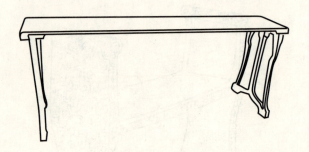

战国栅式足漆几

江陵九店春秋横跗单足几

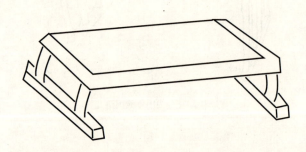

《三礼图》中的几

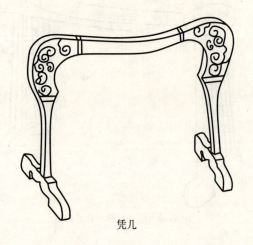

凭几

6 禁

禁产生并流行于西周早期，古代的奴隶主贵族在举行祭祀活动时就用禁来盛放酒樽。禁的形式一般有：箱式禁、有足板式禁、无足板式禁。

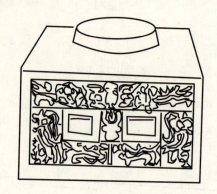

商周青铜鸟文方禁

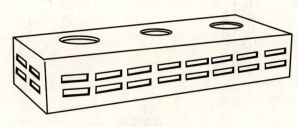

商青铜禁

7 椸

椸与祭案、祭俎一样都是古代人的祭祀礼仪用具，其形体为长方形盘状，没有腿。从椸的外观形象来看，与后来的箱子、橱柜十分相似，可以看出后来的箱子、橱柜、桌案的影子。因此，可以说椸就是现今箱子、橱柜、桌案雏形。

《三礼图》中的椸

秦汉魏晋南北朝时期家具

秦汉时期在继承战国漆饰的基础上，漆木家具进入全盛时期，不仅数量大、种类多，而且装饰工艺也有较大的发展。髹漆到了西汉非常流行运用在家具上。黑地红绘，色彩艳丽，漆质光亮，做工精细，造型别致轻巧，是典型的汉代家具装饰手法。装饰花纹多用云气纹，这种纹样变化丰富、流畅、生动。

秦汉时期人们起居仍是席地跪坐或盘膝坐，垂足坐始见萌生尚未普及。常用坐卧类家具有床、榻；置物类家具有几、案；储藏类家具有箱、柜、笥；支架类家具有衣架、镜架；屏蔽类家具有屏风等。这一时期家具的主要特点是：大多数家具均较低矮；始见由低矮型向高型演进的端倪。

魏晋南北朝是中国历史上的一次民族大融合时期，民族文化、经济的交流对家具的发展起了促进作用。随着佛教的传入，高型坐具开始出现，并且在很多家具上，出现了与佛教有关的装饰纹样，如墩上的莲花瓣装饰等，反映了魏晋时代的社会风尚。种类上除了以往的家具外，还增添了许多种类如：胡床、双人胡床、椅、凳、墩等。坐类家具的增多，反应垂足坐已逐渐推广，促进了家具向高型发展。这是魏晋南北朝时家具历史的根本特点。

敦煌莫高窟西魏壁画上菩萨坐的椅子有靠背、扶手，下面有脚踏。这个时期的坐具与秦汉时期的明显不一样。

带脚踏的护手椅

① 绳床

早在南北朝已经有椅子的形象了，但唐朝才开始叫椅子。两晋以前我们的祖先都是席地而坐。高型坐具是随着佛教文化、艺术的东渐从佛国传入汉地。

② 床榻

床榻设计在装饰与造型方面不断改变，多扇的屏风榻床不断得以流行，受到不少上等阶层人士的推崇应用。该阶段床榻的高度逐渐加高，床榻尺度也得以扩大。

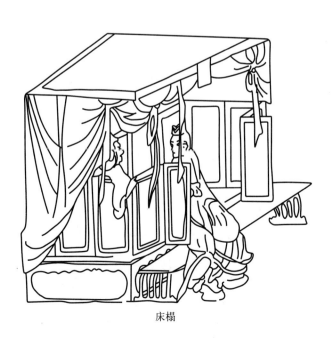

床榻

中国家具 [2]　秦汉魏晋南北朝时期家具

北朝墓中壁画的床榻

带屏风的榻和案

涅槃图中的床榻

③ 胡床

胡床，亦称"交床"、"交椅"、"绳床"，顾名思义，是马上民族胡人的用具，并非汉族的家具。它是西北游牧民族的便携坐具，造型简洁，方便实用。它可张可合，张开可作坐具，合起可提可挂，携带方便，用途广泛。

河南邓县画像砖中的坐榻

胡床

4 几

几是汉代画中常见的日常生活用具，应用于先秦时的几更加广泛，品种多样，使用方式上也有了新的发展。在发现的文物汉代画像中，几除了前后凭靠的形式外，左右斜支甚至坐于几上的形象也很常见。几的功能在此时也有了转变。

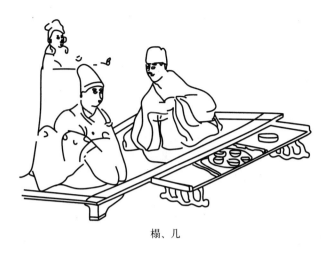

榻、几

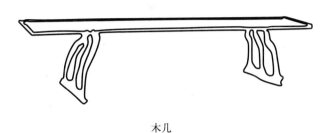

木几

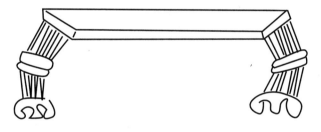

安徽汉墓中画像砖中折叠几

5 屏

屏，也可称扇屏，主要分为条屏和通景屏。用于遮挡、装饰的实用物，通称屏风，可以看成是一个可以自由活动的分割体，起到挡风和分割空间的作用。屏风的正面通常有画；屏条是在立轴的基础上，将竖幅形式与屏风相连的特点结合在一起的，以套或组为单位的独立装式。

屏在汉代非常受欢迎，形式多样、应用广泛，有"凡厅堂居室必设屏风"之说。

三足抱腰式凭几

围屏

中国家具 [2]　秦汉魏晋南北朝时期家具

6 柜

一种收藏东西用的家具，通常为方形，有盖或有门。古代的柜其实就是一种带矮足的箱子，柜门通常是向上开的。

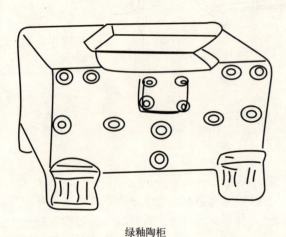

绿釉陶柜

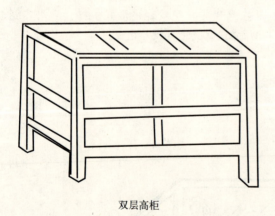

双层高柜

7 墩

佛与菩萨的坐具，所以也叫佛座。"其造型是千姿百态，有方形、圆形、腰鼓形，有三重、五重、七重，有实材的，也有空透的，装饰有壸门、有开光、有莲花图案……形式多样，多姿多彩。"注释

束腰形圆墩

北周敦煌壁画中的墩

注释：于伸. 木样年华—中国古代家具[M]. 天津：百花文艺出版社，2006：66.

隋唐五代时期家具

隋代家具和魏晋时期相比变化不大。隋唐五代时期，人们生活方式由"席地而坐"演变为"垂足而坐"，这是我国家具发展史上的重要转折。盛唐以后，因垂足而坐方式的普及，家具由原来的矮型向高型化发展，在上层社会中非常流行椅、凳、桌等高型家具。

唐代的鼎盛使得华丽润妍、浑圆丰满、富丽端庄成为唐代家具的主要风格，各类家具无不呈现出华贵的气派。

唐代家具以木质家具居多，具有细腻、高挑、温雅的特点；在造型上独具一格，多数都是宽大厚重，显得浑圆丰满，具有博大的气势、稳定的感觉。如箱式床榻、高大的立屏、板式腿的大案等，都体现出盛唐时代那种气势宏伟，富丽堂皇的风格特征。

初唐时期方凳

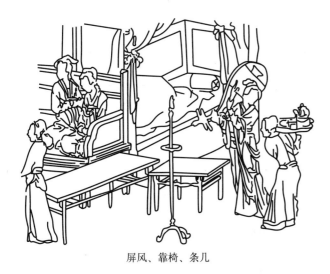

屏风、靠椅、条几

圆墩

1 凳

凳子用料简单，用途很广泛，流传数量大，外观造型非常丰富。

早期的凳子基本是长方形的，到了唐朝有了很大的发展，一改以往的直脚没有撑的原始状态，同时展现出唐代人超凡的创造力，变化多样，创造出不同形式的长凳、方凳、月牙凳等。

中国家具 [2]　隋唐五代时期家具

壁画中菩萨的莲花座

长桌、长凳

2 椅子

椅子，一种有靠背（部分有扶手）的坐具。

椅子自汉代从西域传入，当时被称为"绳床"。据相关文案记载，椅子的名称开始出现于唐代，而椅子的外观形象则要上溯到汉魏时传入北方的胡床。在唐朝时代，已经不再用绳子来编织坐垫，四条腿越来越高，直到变成目前常见的椅子。

《挥扇仕女图》中唐代月牙机子

注：在图中月牙凳中腿足之间的牙板上，钉有金属环，各结彩带一束，使家具平添几分美观。金属环还有另一个作用，不用时，可以随时拎环将凳子提起，活动极为灵便。

《李世民像》中的椅子

注：圈椅是唐代的新兴家具。

隋唐五代时期家具 [2] 中国家具

3 桌案

到唐代开始出现了高型的桌案并迅速流行开来，大家可以从佛教壁画那里认识到它们。

如下图，是敦煌莫高窟85窟的《屠房图》，图中桌前站着的屠夫正在切肉，那张高型方桌的四腿比较粗，没有任何修饰，从桌案的高度与屠夫的比例来看正好适合人站立操作，与后世的方桌没有区别，这就是我们迄今所见的第一张方桌。

《唐明皇像》中的椅子

方桌

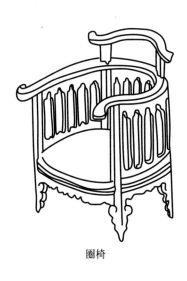

圈椅

座椅

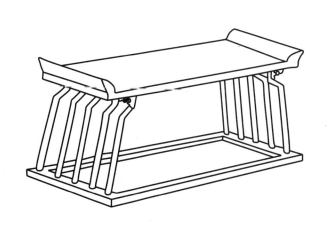

燕尾翘头案

中国家具 [2] 隋唐五代时期家具

长条桌和长条凳

隐囊和琴几

五代《韩熙载夜宴图》中桌子

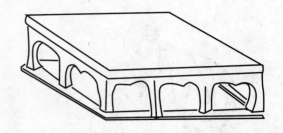

晚唐时期的壸门高案桌

《六尊者像》中的经案

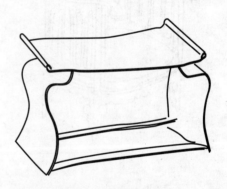

唐代参佛用的香案

敦煌壁画中的供桌

4 床榻

隋唐时期人们的活动还是以床为中心,只是这一时期的床榻比魏晋时期的床榻高度有所增加。

按底座的变化,大致可以分为以下三类:

(1) 封闭式的床榻,床的两边、背后有围屏或画屏,底座有围板;
(2) 箱形底座,侧面多为壸门托泥式;
(3) 床腿支撑床面。

5 屏风

在唐代,高型家具逐渐兴起,屏风也随着增高加大。屏风是唐代室内常备的活动屏障,其中以插屏和折叠屏的使用最为普遍,这类屏风以木为框架,纸、帛为屏面和屏背。

屏面增高加大使得装饰更容易,在屏面绘画题字在当时是一种时尚。写实的花草、山水、人物画无不反映着唐代的绘画风格。

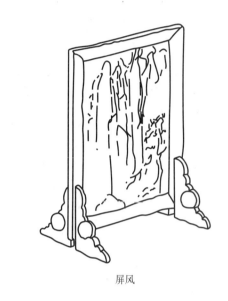

屏风

带幔帐床

屏风、案、桌、扶手椅

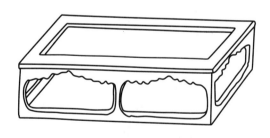

带托泥大榻

6 其他

壸门彩塌

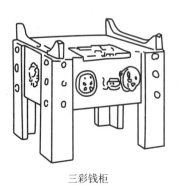

三彩钱柜

中国家具 [2] 宋辽金元时期家具

宋辽金元时期家具

宋代，人们的起居方式已完全脱离席地而坐，变为垂足而坐的方式。以床为中心的生活习俗也转移到了地上以桌椅为中心的生活习俗，从而也促使高型家具得到普及，并且最终普及到普通家庭。同时家具结构确立了以框架结构为基本形式，在室内的布置有了一定的格局。

宋代家具的整体造型十分简洁大方、朴质，没有多少矫揉造作的装饰，却不缺画龙点睛之笔，在继承和探索中逐渐形成了自己的风格。如高足床、高几、巾架等高型家具，同时，产生许多新品种：太师椅、抽屉橱等；还有一些专用家具如棋桌、琴桌等。宋代出现了中国最早的组合家具，称为燕几。

简约实用、清秀素雅宋式家具对当时与宋朝相对峙的辽、金两国的家具也产生了深远影响，因此辽、金的家具也逐渐走向高型化。从总的发展趋势来讲元代的家具发展得相对缓慢，在形式、种类、制造工艺上基本承袭了宋、金家具的风格。

罗汉床

榻和足承

1 床、榻

两宋时期，床榻是坐具同时又是卧具，而且上面常常放置有靠背、凭几等配套家具。

造型形式上依然保留着大量汉唐时期床榻的特征，主要有箱式床榻、带屏床榻和四足榻，但在足的样式上、高度上有所变化，出现了马蹄形的足，在高度上也普遍升高。到了元代床榻则基本上继承了宋朝的样式。

辽、金两国的床榻多为栏杆式床榻，床的上面有床帐，两侧、背后常设有床栏和屏壁。

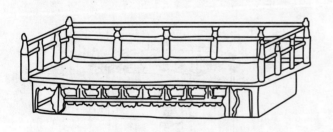

桃形沿面木雕床

榻

2 桌、椅

随着垂足坐的生活方式普及，高型家具桌子在北宋时期成为非常流行的家具，在人们的生活中扮演着不可或缺的角色。

在制作手法上也越来越丰富，常运用多种装饰和结构，如马蹄足、云头足、螺钿装饰、束腰、牙角、横枨和各类线角，使桌子看上去美感十足，功能性也逐渐增强。夹头榫是北宋发展起来的一种桌案结构，当时民间工匠从大木梁架得到启发，把桌腿做成有显著的侧脚来加强其稳定性。从这些结构的创造来看，能发现当时行业的技术借鉴已经十分流行。

桌子的种类也十分丰富，大致有日常生活中的方桌、长方桌、交足式的折叠桌，祭祀用的供桌和香桌及用来放置乐器的琴桌等。折叠桌是宋代出现的一种新的家具形式。高脚方桌和矮方桌是两种最常见的方桌，高脚方桌的桌面一般为正方形，桌腿略高呈圆形，四周边为单枨或双枨，有的还在横枨之间加以竖向的矮枨，也有的仅在桌面相对两边施用横枨或在桌腿上部采用封闭的板形桌面。桌腿与面板通常以透榫或半透榫的结构形式结合。长方桌（条桌）在两宋时期也非常流行，桌面为长方形，桌腿为圆柱形，前后为单枨或无枨，两侧为一层或两层横枨，桌面与腿之间有牙子装饰，造型优美俊秀，是宋代家具风格的典型代表。

抽屉桌是元代的新兴家具。桌面下有两个抽屉，抽屉面与桌面平齐，正面有花纹装饰，设有金属拉环。腿为三弯腿，足为兽蹄足。腿子上端有花牙托角，兽蹄足下有托泥。其造型是前代所未见的，整体形象雄浑敦厚，具有典型的蒙古族的特色。

榻、长方桌、扶手椅、方凳

木桌

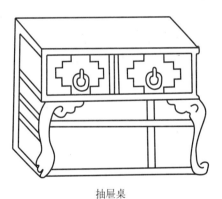

抽屉桌

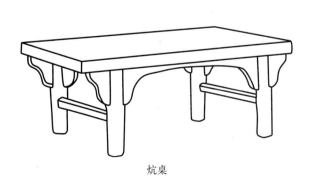

炕桌

长方木桌

中国家具 [2] 宋辽金元时期家具

宋朝椅子种类齐全,结构与装饰丰富,工艺成熟。可分为靠背椅、带扶手的靠背椅、交椅、宝座等。

交椅顾名思义就是椅子前后支撑腿可以交叉折叠,开合收放自如的椅子,俗称"太师椅"。交椅非常流行,在达官贵人府中多见,主要放在厅堂内供主人、贵宾使用。

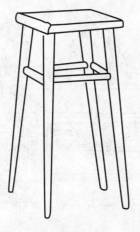

杏木高几

宋木桌

条案、交椅

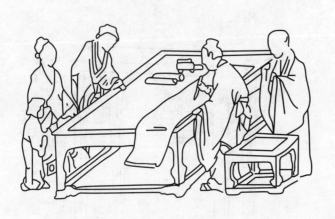

如意形脚的高桌和凳子

黄花梨后背交椅

宋辽金元时期家具 [2] 中国家具

交椅

圈椅

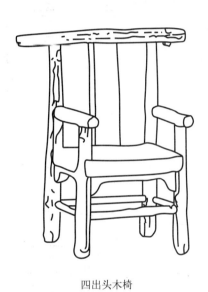

四出头木椅

桌和椅

[3] 墩

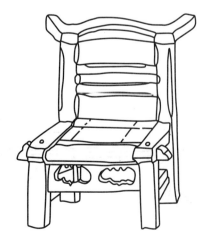

桃形沿面木雕椅

圆墩

中国家具 [2] 明代家具

明代家具

明代是自汉唐以来，我国家具历史上的又一个兴盛期。随着当时经济的繁荣，城市的园林和住宅建设也兴旺起来，贵族、富商们新建成的府第，需要装备大量的家具，这就形成了对于家具的大量需求。明代的一批文化名人，热衷于家具工艺的研究和家具审美的探求，他们的参与对于明代家具风格的成熟，起到一定的促进作用。明代对外贸易繁荣，郑和下西洋从南洋各国带回大量的优质木材，为明代家具的辉煌提供了物质基础。

明代家具的造型非常简洁明快，工艺制作和使用功能都达到前所未有的高峰。这一时期的家具，品种、式样极为丰富，成套家具的概念已经形成。布置方法通常是对称式，如一桌两椅或四凳一组等。

明代家具制作的榫卯结构极为精密，构件断面小，轮廓非常简练，装饰线脚做工细致，工艺达到了相当高的水平，形成了明代家具朴实高雅、秀丽端庄、韵味浓郁、刚柔相济的独特风格。明代家具的用材方面主要有硬木和柴木。硬木包括红木、花梨木、紫檀木等；柴木包括柞木、楠木、榉木等。

1 几案类

明代的几、案种类增加，制作工艺上比以前有很大进步。几主要用于放置日用杂物和食器，有香几、炕几、琴几等品种。炕几主要用来摆设器物。高足香几的出现，则因为明代在书斋或卧室内普遍有焚香的习惯。香几除方形或圆形之外，也有其他形式的。

案，指四腿从两侧缩进案面者。依其案面比例有长方案和条案之分，案面两端又有翘头和平头之别。案的前后腿间多安装挡板或全空，这种器物凡是大型的常被称为案，小型的则称为桌，有酒桌、油桌之称，是明代各阶层用途最广的家具。

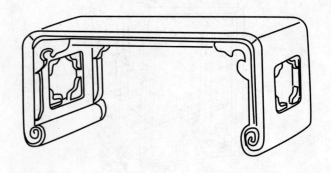

琴几 b

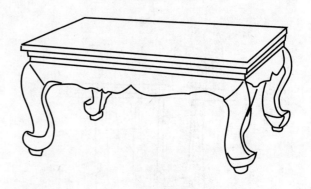

炕几 a

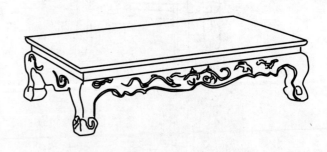

炕几 b

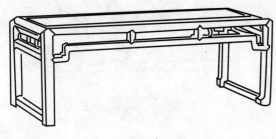

琴几 a

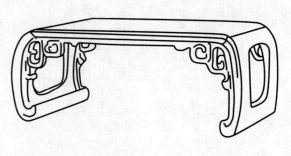

炕几 c

明代家具 [2] 中国家具

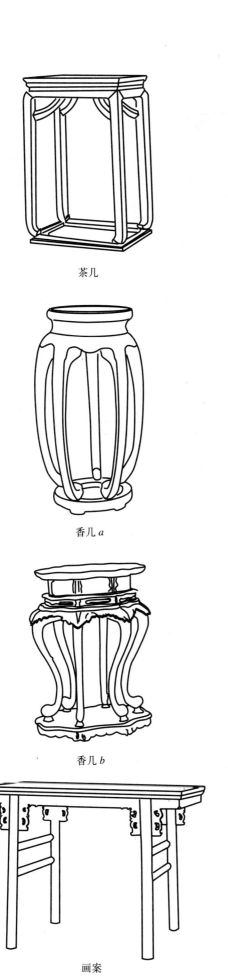

茶几

香几 a

香几 b

画案

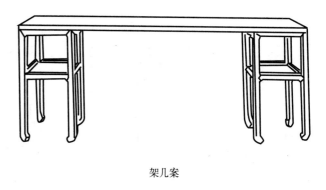

架几案

方桌

长方桌

中国家具 [2] 明代家具

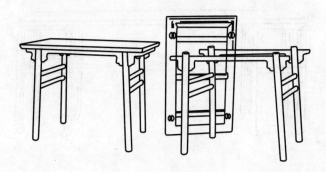

老花梨木夹头榫小书案

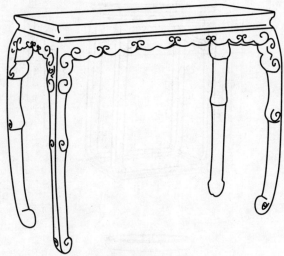

紫檀木鼓腿抛牙式供桌

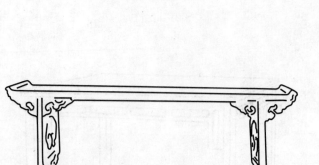

黄花梨云盘牙子翘头案

老花梨木云钩插角方桌

榉木八角拼桌

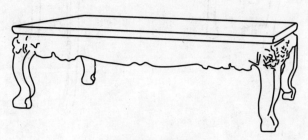

黄花梨三弯腿兽面炕桌

老花梨木夹头榫画案

明代家具 [2] 中国家具

琴桌

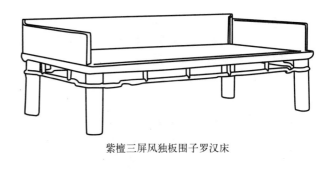

紫檀三屏风独板围子罗汉床

注："罗汉床"是明朝新出现的一种榻，因形似端坐的罗汉而有此名称。这种床长度2米左右，宽度1米左右，主要摆放在厅堂、书斋等场合，用于作息、会客及办公等。

2 床榻类

明朝家具制作的分工更加明细，因此床、榻发展到了明朝，在功能、形式上都有了明显的区别。同时，由于桌子、椅子、凳子等高型家具的普及，以床榻为生活中心的局面慢慢消失，床的形式也开始变得越来越封闭，最终退到卧室被作为人们的专用卧具。

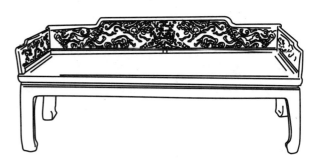

老花梨草龙万寿纹围屏榻

黄花梨六柱带门围子架子床

注："架子床"因床上立有带盖的架子而得名。做法通常是四角安立柱，四面攒边装围板，围板通常不到顶。床顶上安盖，顶盖的四围装楣板和倒挂牙子。也有的床在正面多加两根立柱，以便在床边两侧安装门围子。

檐顶架子床、平头案、足承、木圆盆、小方凳

中国家具 [2]　明代家具

3 椅凳类

在明代，随着垂足而坐的生活方式的普及，椅、凳、墩与高足桌案等家具便构成了当时家具的典型组合。明代家具中的每一种坐具都有独到的优越性和多样性，它们的工艺风格和形体特征也不相同；造型上比之前的家具更加美观。椅子可以说是明家具当中最典型的高足坐具，也是最具有代表性的家具品种之一，形式多样，制作精美。其共同特点是腿足、立柱多用圆材，四面空灵，具有流畅的造型。其次是曲线靠背，而且做出100度到105度的倾角，这是适宜人体依靠的最佳角度。第三是四腿外撇，所谓侧角收分明显可见，给人以稳重的感觉。集舒适、科学与艺术性于一身。

交椅

交椅，以椅腿交叉可以折叠而得名。在明代非常盛行，通过交椅在房间布局的不同，主客、上下级关系也区分开来。

圈椅

圈椅，其名称是从圈背上得来的。陈设位置多在堂屋正中方桌的左右。

官帽椅

官帽椅，简称扶手椅，因为其造型与古代官员的官帽十分相似，所以得其名。官帽椅又分南官帽椅和四出头式官帽椅两种。四出头官帽椅较灯挂椅多出两扶手，所谓"四出头"是指椅子的"搭脑"两端和左右扶手前端都有出头。通常其后背为一块靠背板，靠背较高，是明式家具中椅子造型的一种典型款式。南官帽椅是我国南方制作的一种官帽椅，其搭脑的左右和扶手前端不出挑，因方巩固，简洁空灵。其中，有许多是我国明式家具中椅子的代表样式。

靠背椅

凡没有扶手只有靠背的椅都称为靠背椅。搭脑两端出头的称为灯挂式椅，它的搭脑两端挑出造型很像挂在灶壁上的灯挂，因此在明代很受欢迎，极为普及。明代灯挂椅的基本特点为：搭脑向两侧挑出，体窄，靠背高，整体简洁，只做局部装饰，以圆腿居多。搭脑两端不出头的则称为一统碑式椅。

凳

明式凳，分无束腰和有束腰两种类型。无束腰的，凡四腿直接承托坐面，面下用牙条或横撑，腿足多为圆形。有束腰凳的坐面下面有一道缩进面沿的腰部，这类凳腿足多用方材，其造型或鼓腿彭牙内翻马蹄，或三弯腿外翻马蹄，也有圆形五腿、六腿的。

黄花梨四出头官帽椅

黄花梨大灯挂椅

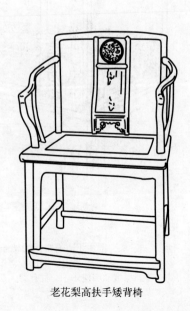
老花梨高扶手矮背椅

明代家具 [2] 中国家具

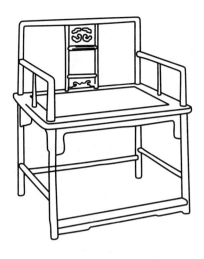

老花梨木圆梗直背椅

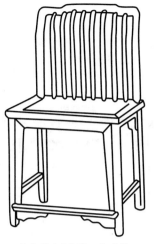

老花梨木壶门卷口灯挂椅

老花梨木笔梗式扶手椅

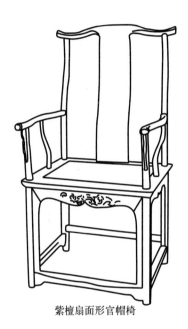

紫檀扇面形官帽椅

黄花梨透雕靠背玫瑰椅

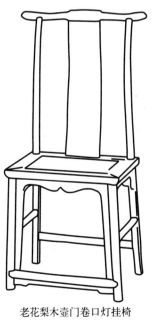

老花梨木壶门卷口灯挂椅

中国家具 [2]　明代家具

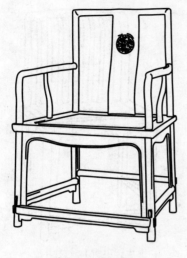

紫檀扇面形官帽椅

铁梨木南官帽椅

榉木扶手椅

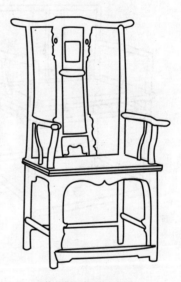

黄花梨四出头官帽椅

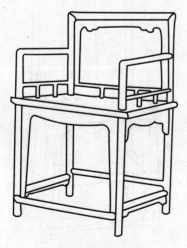

铁梨木卷口靠背玫瑰椅

黄花梨圈椅

明代家具 [2] 中国家具

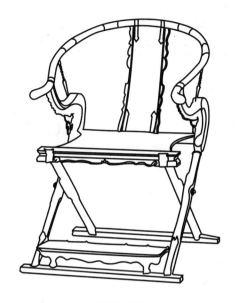

黄花梨交椅

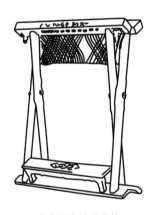

黄花梨有踏床交椅

四开光坐墩

墩

机凳

紫檀有束腰鼓腿彭牙方凳

黄花梨有束腰鼓腿彭牙大方凳

中国家具 [2]　明代家具

束腰管脚枨方凳

条凳

黄花梨有束腰三弯腿方凳

黄花梨滚凳

老花梨木长条凳

黄花梨长方凳和小方凳

百宝箱、条案、束腰四腿内翻马蹄凳、屏风

清朝家具

就清代家具的发展至风格成熟而言，大致可分为三个阶段：

第一阶段是清初至康熙初，这阶段不论是工艺水平、还是工匠的技艺，都还是明代的继续。在用材上，常用色泽深、质地密、纹理细的珍贵硬木，其中以紫檀木为首选，其次是花梨木和鸡翅木。用料讲究清一色，各种木料不混用。为了保证外观色泽纹理的一致和坚固牢靠，有的家具采用一木连做，而不用小材料拼接。

第二阶段是康熙末，经雍正、乾隆，至嘉庆，这段时间是清代社会政治的稳定期，社会经济的发达期，是历史上公认的清盛世时期。这个阶段的家具生产，也随着社会发展、人民需要和科技的进步，而呈兴旺、发达的局面。这时的家具生产不仅数量多，而且形成独有的风格。

第三阶段是道光以后至清末。这一阶段社会经济每况愈下。同时，由于外国资本主义经济、文化，以及教会的输入，使得中国原本是自给自足的封建经济发生了变化，外来文化也随之渗入中国领土。这时期的家具风格，也不例外地受到影响，有所变化。

从17世纪中叶开始，经济由恢复进入繁荣和发展阶段，出现康熙、雍正、乾隆三代盛世。手工业、商业获得了空前发展，商业、民宅、园林等建筑大量兴起，给家具生产提供了物质基础和广泛应用场所。清代家具经历了近三百年的历史，从继承、演变、发展，以至逐渐形成为自己的独立风格。如果说明代家具是以简洁清雅见长，那么清代家具更注重的是局部的装饰，尤其是官廷家具。虽然在造型和结构上继承了明代家具的特点，但在装饰上喜爱繁复而华丽的花纹，有镂空雕、漆雕、填漆等，利用陶瓷、珐琅、玉石、象牙、贝壳等做细部的镶嵌装饰。他们追求装饰，有时却忽视和破坏了家具的整体形象，失去了比例和色彩的和谐统一，此种趋向到晚清更为显著。又由于经济的繁荣，还形成了不同地区的家具风格，如苏式、广式、京式等，各具特色。

具体来说，苏式家具有格调朴素、大方，造型优美、线条流畅、用料和结构合理及比例尺寸合度等特点。而广式家具的风格形成于广州独特的地理位置，当时广州是我国对外贸易和文化交流的重要门户，因此形成了一股空前的西洋热。用料大方、中西合璧是广式家具的特点。京式家具是苏式家具和广式家具的结合体，家具用料比广式家具相对节省，比苏式家具相对大方。造型、装饰上更偏重于广式家具的雍容，大量运用典型皇权象征的图案，极具官廷风格。

1 椅凳类

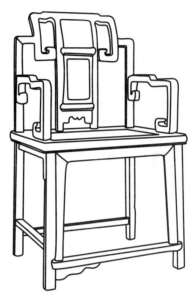

鸡翅木云钩扶手搭脑太师椅

红木广式单靠背板椅

中国家具 [2]　清朝家具

红木仿藤式墩

清康熙楠木嵌瓷心云龙纹圆凳

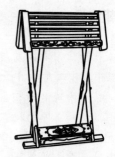

黄花梨上折式交杌

紫檀五开光鼓墩

紫檀束腰四足坐墩

黄花梨小交杌

紫檀禅墩

紫檀五开光坐墩

黄花梨交杌

紫檀直棂式坐墩

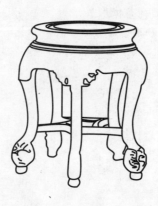

红木圆凳

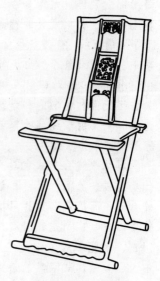

木胎黑漆直后背交椅

清朝家具 [2] 中国家具

红木十字档方凳

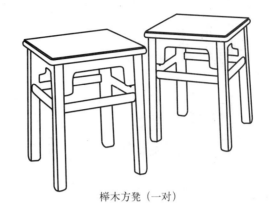

榉木方凳（一对）

红木有束腰管脚杖方凳

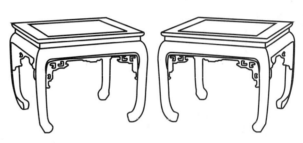

黄花梨方凳（一对）

榉木夹头榫小条凳

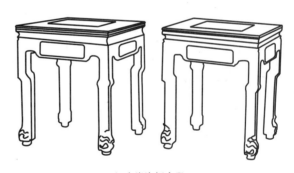

红木嵌瓷板方凳

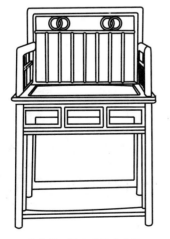

黄花梨双圈卡子花玫瑰椅

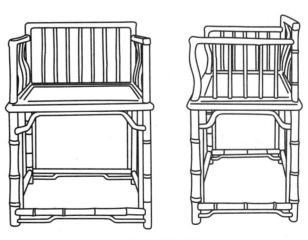

红木仿竹矮笔梗式椅

43

中国家具 [2]　清朝家具

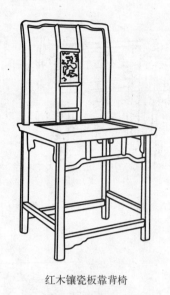
红木镶瓷板靠背椅

红木桥梁档小灯挂椅

紫檀木圈椅

红木镶瘿木圆梗直背椅

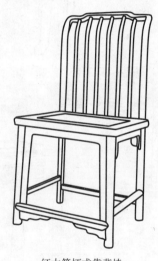
红木笔梗式靠背椅

紫檀小宝座

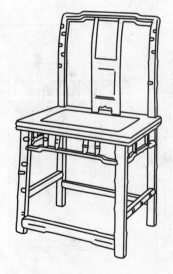
红木仿竹节靠背椅

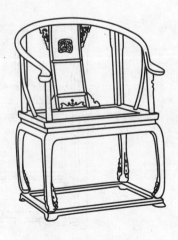
紫檀有束腰托泥圈椅

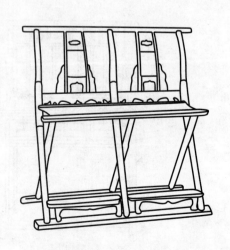
木胎黑漆直后背双人交椅

清朝家具 [2] 中国家具

菠萝木有束腰笔梗式扶手椅

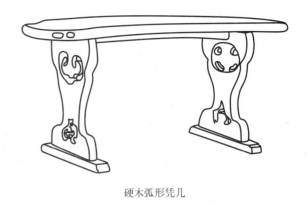

硬木弧形凭几

鸡翅木双座玫瑰椅

黑漆炕几

藤纹条几

2 桌案类

民间门户桌

紫檀珐琅面脚踏

中国家具 [2]　清朝家具

红木半圆桌

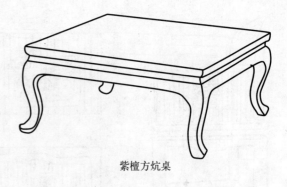

紫檀方炕桌

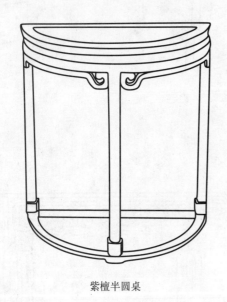

紫檀半圆桌

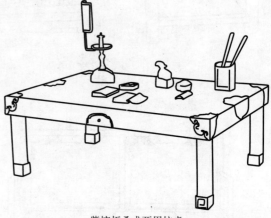

紫檀折叠式两用炕桌

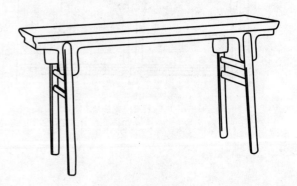

红木长书桌

红木粉彩瓷面八仙桌

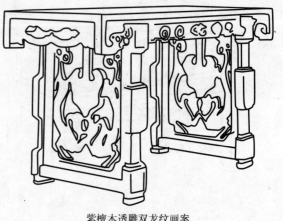

紫檀木透雕双龙纹画案

清朝家具 [2] 中国家具

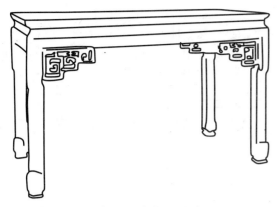

红木方回纹插角楠木面供桌

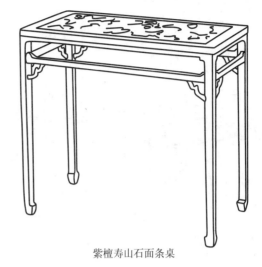

紫檀寿山石面条桌

民间元宝牙子六仙桌

红木带抽屉平方小书案

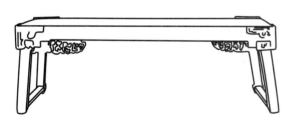

柞木折叠式猎桌

民间云牙六仙桌

一桌四椅

47

中国家具 [2] 清朝家具

3 其他类

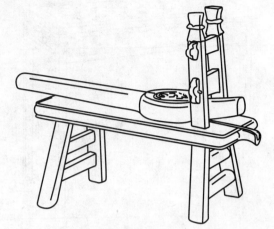

红木甘蔗床

红木云石方圆景七屏围榻

榆木座屏式桌灯

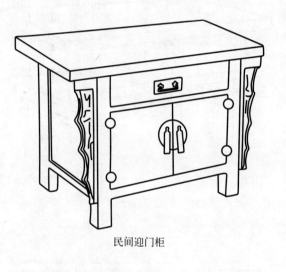

民间迎门柜

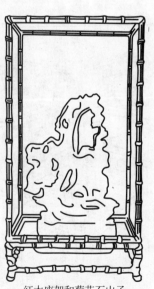

红木座架和菊花石山子

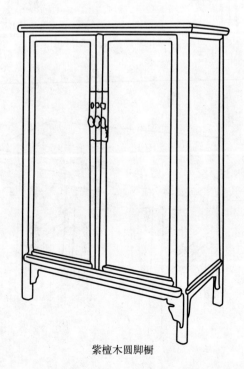

紫檀木圆脚橱

西方现代家具设计概述

西方现代家具产业的兴起，是伴随着欧洲工业革命的浪潮而发展起来的，也可以说是建立在大工业生产、现代科学技术发展和标准化、零部件化的制造工艺的基础之上发展起来的。

从英国的工艺美术运动到德国包豪斯现代设计运动，设计开始发挥重要的作用。伴随着大众消费时代的到来，现代家具设计使新的家具产品源源不断地开发出来，为现代家居设计文化奠定了基础。

社会的发展使得设计师开始从手工艺人中逐步独立出来，设计与制造开始在劳动的分工中分离，这就充分体现出工业革命的体力劳动和脑力劳动分工的基础原则。它结束了几千年来的手工艺人个体生产的历史，大大提高了生产力，专业化的机器广泛应用并不断发明和改进。同样，家具的生产也变成了一种大批量的机械化制造，家具变成了一种现代工业产品，极大地推动了世界家具产业的进步和发展。

本章介绍了西方各国不同时期最有代表性的家具设计。目的是要展现在西方不同国家、不同时期的家具不同的设计理念、审美意识与工艺制作手段，展现不同造型风格及形式上的多样性，和大家一起去了解西方家具设计的探索发展历程。

现代主义前期

现代家具史始于工业革命之后。在当时，家具不再是一件一件地用手工制作，而是在工厂用机器大批量，标准化地生产。长期以来，技术与艺术存在明显的分歧——新材料和新发明对工程师是一种挑战，而设计师又常常从传统的风格中得到启发而满足。然而，一些超前的设计师却看到了技术的潜力。

其中最重要的人物是奥地利的迈克尔·索耐特(Michael Thonet)。他制作的家具被认为是19世纪中叶最早的现代家具。经过大量的试验，索耐特使硬木机械弯曲流程得以完善。如今，这种加工工序仍在采用。在1851年伦敦国际博览会上，他的家具首次在国际上展出，当即受到赞赏。由于价格低廉，设计精美，弯木椅和其他家具在欧洲得到了普及。它们既可以在家庭使用，也可以在公共场所使用。

索耐特公司生产了大量的世界一流的现代家具，除了索耐特自己设计的作品之外，公司还制造约瑟夫·霍夫曼(Josef Hoffmann)和奥托·瓦格纳(Otto Wagner)的一些作品，以及后来的马特·斯塔姆(Mart Stam)、勒·柯布西耶(Le Corbusier)和包豪斯(Bauhaus)学院成员的作品。它是第一个制造"拆装组合"家具的公司。它将一些未组装的座椅运往大西洋彼岸进行组装使用。

另一位早期的设计师是约瑟夫·贝弗利·芬比(Joseph Beverly Fenby)。他在1877年用帆布和木料制造的三脚架椅造型简洁，价格低廉，式样轻便。殖民(Colonial)椅(设计师不详)是同样具有创新精神的椅子。虽然也是用帆布和木料制作，但其结构却很革命化。最初是驻印度的英国官员使用。这两种椅子至今仍很流行。1933年，丹麦的卡瑞·克林特(Kaare Klint)对殖民椅进行了改进，重新取名为瑟法里(Safari)椅。

美国的震颤派(Shakers)是现代运动的先锋。在包豪斯前几十年，他们就提出形式遵循功能的思想。这是现代设计最重要的原则之一。他们的家具约在1860年开始流行，而在今天又重新受到欢迎。

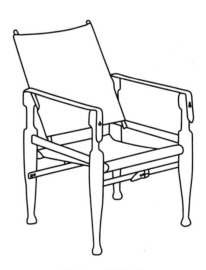

殖民椅，19世纪中

主教椅，1869

西方家具 [3]　现代主义前期

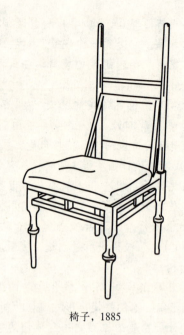

椅子，1885

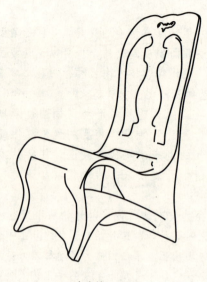

弯木椅，1873

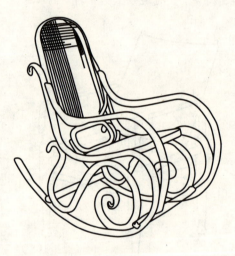

弯木摇摆椅

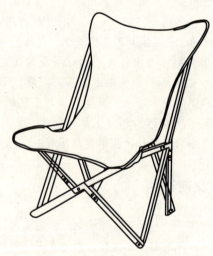

三脚架椅，1885

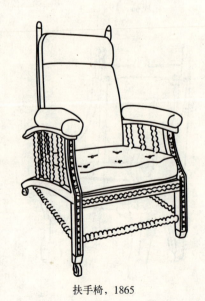

扶手椅，1865

柯布西耶椅，1904

现代主义前期 [3] 西方家具

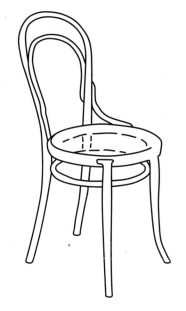

第 14 号椅

底比斯（Thebes）凳子

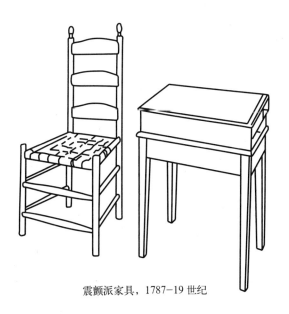

震颤派家具，1787-19 世纪

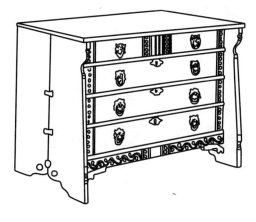

卧室柜子，1868

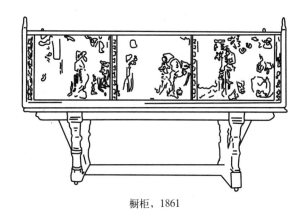

橱柜，1861

棋盘形柜子，19 世纪末

51

西方家具 [3]　早期美国现代主义

早期美国现代主义

19世纪后半叶，美国的设计师对机器极为着迷，但是和威廉·莫里斯一样，他们对来自社会和政治的冲击非常恐惧。19世纪末到1916年是美国工艺美术运动的高峰期，在这期间，大量社团和行会相继成立，它们推动家具及其他装饰艺术审美标准的复兴和升华。

其中，在东海岸手工艺时期，两位最杰出的代表人物是古斯塔夫·史提克利(Gustav Stickley)和埃尔伯特·哈伯德(Elbert Hubbard)。史提克利对莫里斯哲学在美国传播作出了很大的贡献。查尔斯(Charles)和亨利·格里尼(Henry Greene)同样受工艺美术运动、东方概念和弗兰克·劳埃德·赖特作品的影响。他们用手工制造与有机居住环境相和谐的家具。

美国其他建筑师都意识到家具与建筑物设计相统一的重要性。草原学派的建筑师，如赖特等人创造出了能保持设计统一性的家具。他们的作品被认为是美国产生的，有设计意识的原型。到1880年底，开始出现了受草原学派和莫里斯影响的传道风格的家具。[1]

注释：[1]（美）米里安·斯廷森，程嘉译．世界现代家具杰作[M]．安徽：安徽科学技术出版社，1998.11.

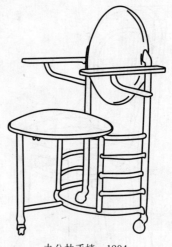

办公扶手椅，1904

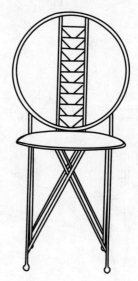

中途椅，1914

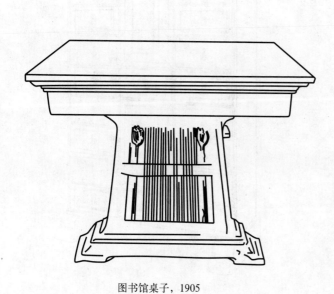

图书馆桌子，1905

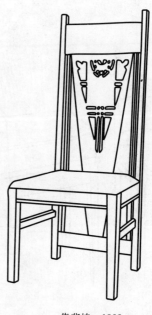

靠背椅，1909

早期美国现代主义 [3] 西方家具

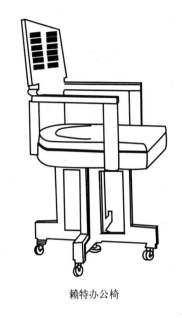
赖特办公椅

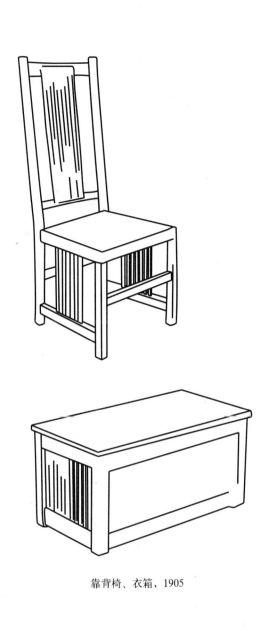
靠背椅、衣箱，1905

靠背扶手椅

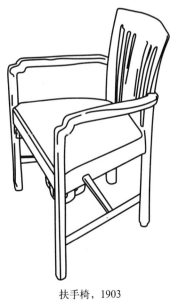
扶手椅，1903

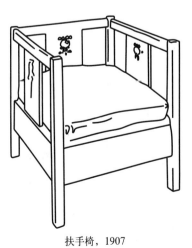
扶手椅，1907

西方家具 [3]　新艺术运动

新艺术运动

"新艺术"运动（Art Nouveau）产生于19世纪末、20世纪初，并在欧美产生和发展的一次影响大、内容广泛的设计运动。1900年在巴黎举行的国际博览会（The Paris Exposition Universelle）成为"新艺术"运动发展的顶峰，"新艺术"运动一直持续到1910年左右，此后，逐步被现代主义运动和"装饰艺术"运动（Art Deco）所取代。新艺术在时间上发生于新旧世纪交替之际，在设计发展史上也标志着是由古典传统走向现代运动的一个必不可少的转折与过渡，其影响十分深远。

新艺术风格的变化是很广泛的，在不同国家，不同学派，具有不同的特点；使用不同的技巧和材料也会有不同的表现方式。既有非常朴素的直线或方格网的平面构图，也有极富装饰性的三度空间的优美造型。但新艺术运动的实际作品很少完全实现其理想，有时甚至陷于猎奇的手法主义。新艺术风格把主要重点放在动、植物的生命形态上，一幢建筑或一件产品都应是一件和谐完整的杰作，但设计师却不可能抛弃结构原则，其结果常常是表面上的装饰，流于肤浅的"为艺术而艺术"。新艺术在本质上仍是一场装饰运动，但它用抽象的自然花纹与曲线，脱掉了守旧、折衷的外衣，是现代设计简化和净化过程中的重要步骤之一。

邮政储蓄银行扶手椅，1905

无扶手单人椅

椅子，1902

条板式家具，1934

新艺术运动 [3] 西方家具

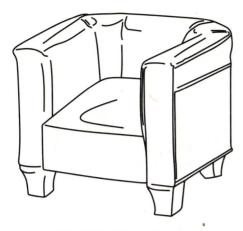
斯托克雷特宫椅，1905-1911

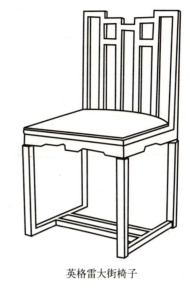
英格雷大街椅子

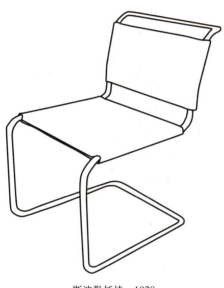
斯波勒托椅，1928

靠背椅，1896-1900

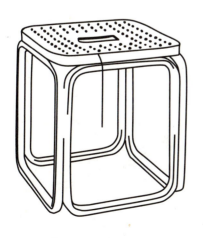
邮政储蓄银行凳子，1906

铝制椅，1933

西方家具 [3] 新艺术运动

卡布斯椅，1910

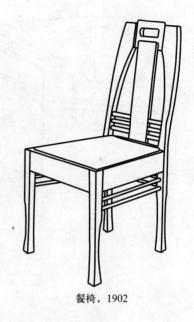

餐椅，1902

靠背椅，1900

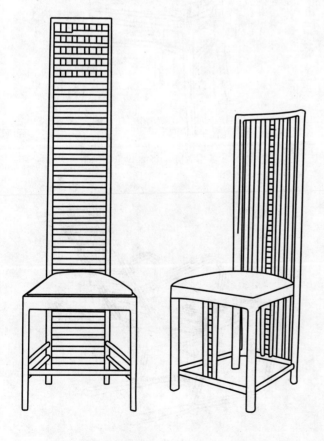

希尔住宅1号椅，1903；希尔住宅椅，1904

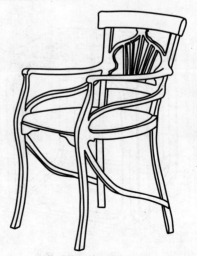

扶手椅，约1898-1900

新艺术运动 [3] 西方家具

扶手椅，1901-1902

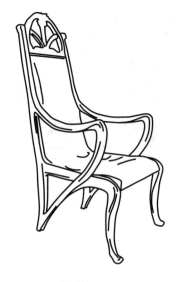

扶手椅，1900

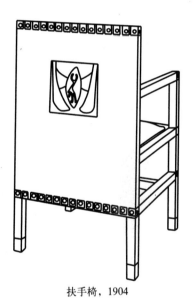

扶手椅，1904

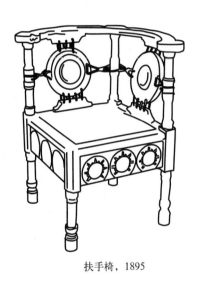

扶手椅，1895

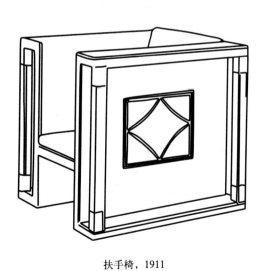

扶手椅，1911

餐椅，1882-1883

西方家具 [3]　新艺术运动

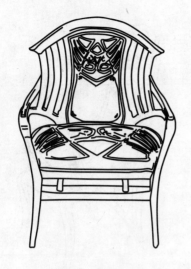

扶手椅，1898-1899

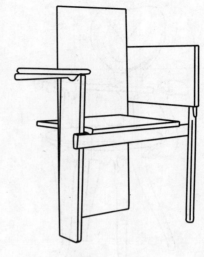

柏林椅，1923

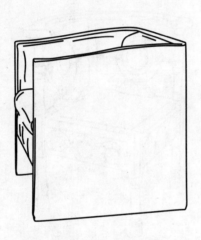

阿盖尔整套家具，1897

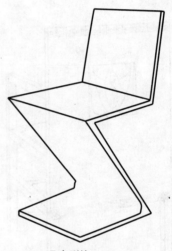

Z字形椅，1934

布拉格椅，1925

S33椅，1926

新艺术运动 [3] 西方家具

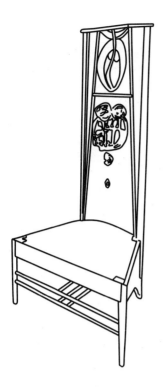
粉红与白色椅，1902

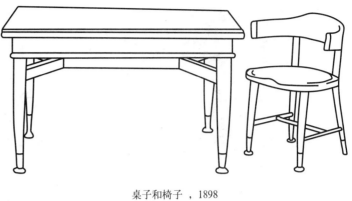
桌子和椅子，1898

D.S 组家具，1918

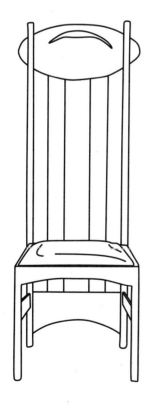
阿盖尔（Argyle）椅，1897

碗柜，1909

西方家具 [3] 新艺术运动

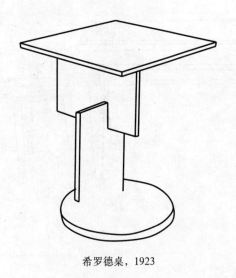
希罗德桌，1923

巴黎展览会沙发

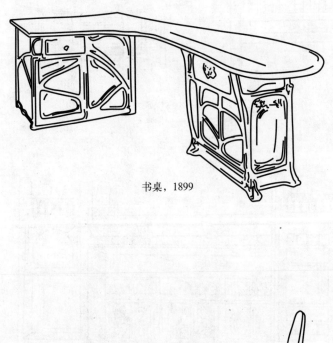
书桌，1899

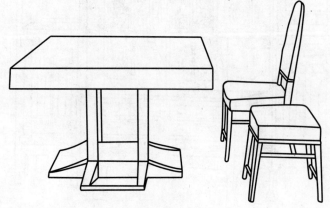
达姆施塔特全套家具，1904

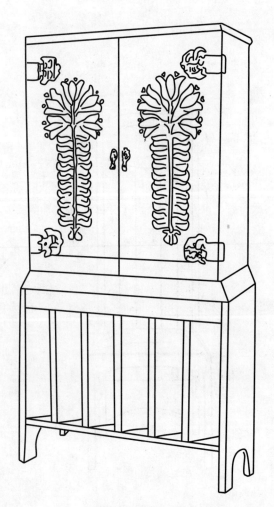
赫斯大公爵音乐柜

装饰艺术运动

装饰艺术运动(Art Deco)是20世纪20年代~20世纪30年代在英、法、美等代表国家开展的一次特殊风格的设计运动。装饰艺术运动发源于法国,主要针对于设计豪华和奢侈的产品与艺术品。其名源于1925年的巴黎装饰主义展览。装饰艺术不仅代表一种单纯的设计风格,而且又包含广泛,比如色彩鲜艳的爵士图案(Jass Patterns)。

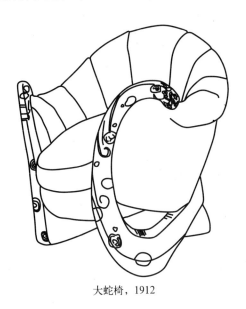

大蛇椅,1912

装饰艺术运动是对新艺术运动的反动,反对强调自然风格的装饰、注重手工艺的美、否定机械化等特征,反对古典主义、自然(特别是有机形态)、单纯的手工艺的倾向;装饰艺术运动主张机械化的美,使机械形式以及现代特征显得更加自然和华贵,无论在材料上,还是在形式上都强调装饰的效果。装饰艺术,特别是法国的装饰艺术运动,在很大程度上依然是传统的设计运动,虽然在造型上、色彩上、装饰动机上有新的、现代的内容,但是它的服务对象依然是社会的上层,是少数的资产阶级权贵,这与强调设计民主化、强调设计的社会效应的现代主义立场是大相径庭的。但同时现代主义对于装饰艺术运动在形式和材料上都有很大的影响。由于装饰艺术运动和现代主义运动几乎发生于同一时期,互相也有影响,特别是现代主义对于装饰艺术运动在形式上和材料上的影响,但是,它们属于两个不同的范畴,有各自的发展规律。

装饰艺术运动是20世纪非常重要的一次设计运动,影响到建筑、室内、产品、平面、服装等几乎所有领域。

在形式上影响装饰艺术运动风格的因素有:
1. 埃及等古代装饰风的实践性。
2. 原始艺术。主要是来自非洲和南美的原始部落的影响。
3. 简单的几何外形。与工业生产相关,时代特征强烈的简单几何外形成为20世纪20年代研究的中心。
4. 舞台艺术。比如:俄国芭蕾舞团舞台和服装设计,法国服装设计和美国的爵士乐灯影响。
5. 汽车。汽车作为20世纪文明的象征,在设计形式和思想上都具有重要的启迪作用。
6. 独立的色彩体系。具有鲜明强烈的色彩特征,特别重视原色和金属色彩。

装饰艺术运动是新艺术运动与现代主义运动之间过渡的桥梁,其代表作品同时具备传统的形式美和工业化的技术美。装饰艺术把高雅的、华丽的手工艺制作与大势所趋的工业化特征融合在一起而得出一种能大批量生产的新的风格。这种介于新艺术与现代主义风格之间的折中主义风格得到一定的普及,遗憾的是装饰艺术运动只为上层社会顾客服务,注定它无法成为世界性的设计运动。

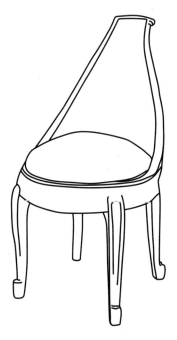

靠背餐椅,1923

西方家具 [3] 装饰艺术运动

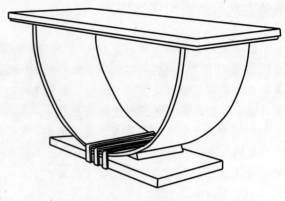

餐台，1932

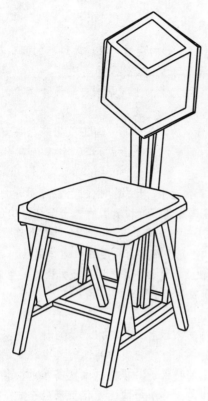

帝国酒店的椅子，1920

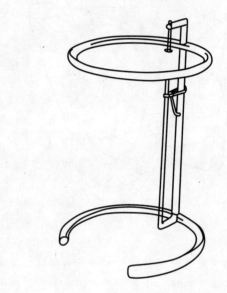

吸烟桌，1929

扶手椅（Paul Irible），1913

扶手椅（Paul Irible），1913

国际风格包豪斯

包豪斯，由德国著名建筑家、设计理论家格罗皮乌斯于1919年在德国魏玛创立的一所设计学院。包豪斯是世界上第一所完全为发展设计教育而建立的学院，它的成立标志着现代设计的诞生，它的宗旨和教育目标是将艺术、手工艺和工业技术相结合统一。

但是由于包豪斯受所处的历史时代、政治、经济、社会等环境的影响，它自身必然存在历史局限性。包豪斯过于强调功能与材料的表现，过于强调形式的简约，却忽视了人对产品的心理需求，影响了人与产品之间的情感和谐，呆板、机械、缺乏人情味。

总的来评价，包豪斯的产生和发展对现代艺术设计和设计教育的积极影响是巨大的，某种程度上来说，没有包豪斯就没有现代工业设计。

包豪斯的发展前后大致经历了三个发展阶段

阶段一，魏玛时期(1919-1925年)。这个阶段是包豪斯的创业时期。创始人沃尔特·格罗皮乌斯(Walter Gropius)任第一任校长，提出"艺术与技术新统一"；

阶段二：德索时期(1925-1932年)，包豪斯发展成熟时期。期间包豪斯由于政治等原因搬迁到德索重建，至1928年格罗皮乌斯辞职，汉斯·梅耶(Hannes·Meyer)继任校长，并进行课程改革，实行了设计与制作教学一体化的教学方法。1930年梅耶辞职离任，由密斯·凡·德·罗(Mies Van De Rohe)继任；

阶段三：柏林时期(1932-1933年)，包豪斯迁至柏林，是包豪斯在德国的最后岁月，于1933年11月被德国纳粹封闭。

包豪斯14年的发展历程中，创立了一整套艺术设计教学方法和教学体系，同时奠定了工业设计体系基础。在第二次世界大战结束后，包豪斯的师生们在美国通过设计实践、教育，并且以美国的经济实力为依托，把包豪斯的影响发展成一种新的设计风格——国际主义风格，国际主义风格的设计非常简洁，没有任何装饰，强调几何构成，这种功能主义美学思想影响到世界各国。

巴塞罗那椅子和凳子，1929

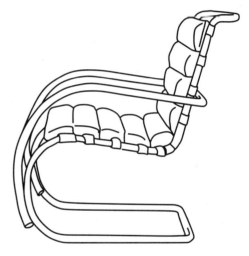

MR 躺椅，1931

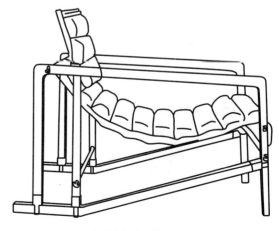

折叠式帆布躺椅，1927

西方家具 [3]　国际风格包豪斯

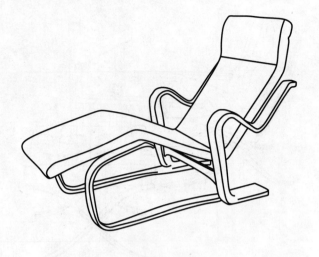

伊索康椅，1935

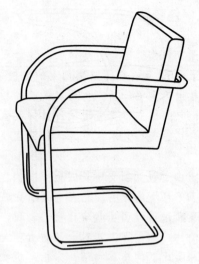

布尔诺扶手椅，1929

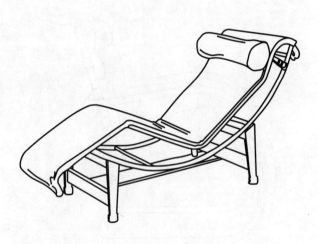

LC-4（小）躺椅，1928-1929

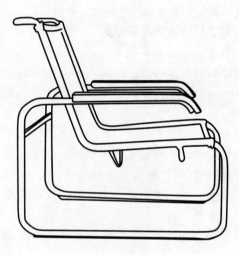

躺椅（勒内－赫斯特），1929

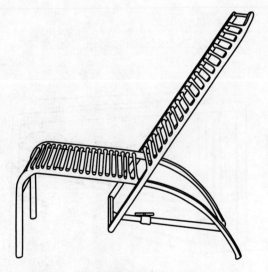

躺椅（勒内－赫斯特），1929

塞丝卡椅，1928

国际风格包豪斯 [3] 西方家具

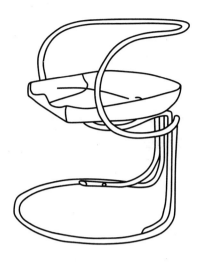

椅子（Vladimir Tatlin），1927

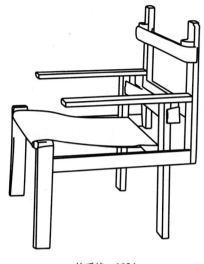

扶手椅，1924

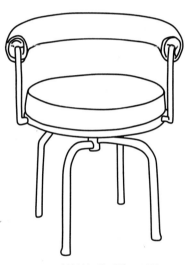

LC-7(转椅) 扶手椅，1928

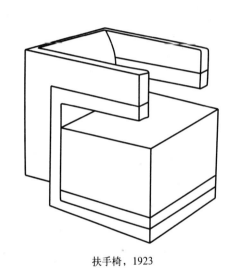

扶手椅，1923

堆积椅，1928

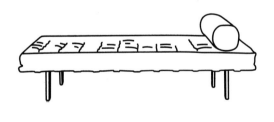

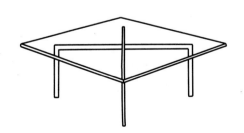

床；土根德哈特（巴塞罗那）桌子，1930

西方家具 [3] 现代主义

现代主义

现代主义者的家具设计信奉几何造型的纯抽象化,以及在使用黑、白、灰的同时兼用原色进行创作。家具完全靠造型表达,不需要任何多余的装饰,十分便于批量生产,这种风格就使得密斯·凡·德·罗的"少即是多"(Less is more)的原则变得易于理解。

现代主义设计是从建筑设计发展起来的。

20世纪20年代前后,欧洲一批先进的设计家、建筑家形成了一个强力集团,推动所谓的新建筑运动,这场运动的内容非常庞杂,其中包括精神上的、思想上的改革,也包括技术上的进步,特别是新的材料的运用,从而把千年以来设计为权贵服务的立场和原则打破了,也把几千年以来建筑完全依附于木材、石料、砖瓦的传统打破了。继而,从建筑革命出发,又影响到城市规划设计、环境设计、家具设计、工业产品设计、平面设计和传达设计等等,形成真正完整的现代主义设计运动。

约瑟夫·霍夫曼,早期现代主义家具设计的开路人。他为机械化大生产与优秀设计的结合作出了巨大贡献。他主张抛弃当时欧洲大陆极为流行的装饰意味很浓厚并时常转回历史风尚的"新艺术风格"。因而它所涉及的家具往往具有超前的时代感。

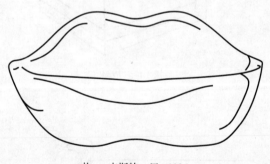

梅·韦斯特 唇,1936

现代主义设计的形式特征:

1. 功能主义特征;
2. 形式上提倡非装饰的简单几何造型;
3. 具体设计上重视空间的考虑,特别强调整体设计考虑,基本反对在图版上、在预想图上设计,而强调以模型为中心的设计规划;
4. 重视设计对象的费用和开支,把经济问题放到设计中,作为一个重要因素考虑,从而达到实用、经济的目的。

1 20世纪30年代

20世纪30年代大部分西方国家都进入了大萧条时期,因此欧洲的经济极其不稳定并且伴随着政治动荡。从包豪斯、国际风格到装饰艺术运动的多数家具设计风格都遭到了镇压。但是,意大利的法西斯没有压制设计师,这些天才设计师正在积极地发展装饰艺术运动、意大利理性主义运动和未来主义。

30年代初期,国际风格在全世界备受推崇,并被广泛采用。但是在斯堪的纳维亚却不被接受,很多设计师认为,玻璃和钢制造的实用家具过于严肃、缺乏人情味。他们所设计的家具虽然受到了国际风格的影响,但是他们的传统文化价值观却使他们的设计更为热情,更富有人情味。当时,重要的人物有阿尔瓦·阿尔托(Alvar Aalto)、布鲁诺·马松(Bruno Mathsson)、埃里克·贡纳·阿斯普纳德(Erik Gunnar Asplund)、莫根斯·科赫(Mogens Koch)等。在英国,国际风格已经成为主流。杰拉尔德·萨姆斯(Gerald Summers)采用了这种风格,使用一整块弯曲的胶合板制造了一张椅子;美籍英国人T.H.罗布斯约翰-吉宾斯(T. H. Robsjohn-Gibbings)以古希腊主题为基础来制作家具。

克利史默斯椅,1936

现代主义 [3] 西方家具

弯曲胶合板扶手椅,1934

折叠帆布躺椅,1933

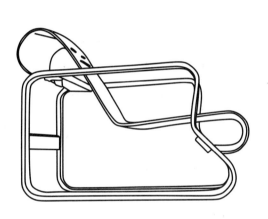
派米奥椅(41),1931-1932

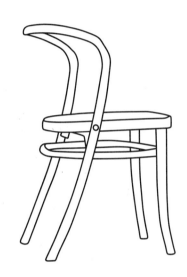
弯木椅,1930

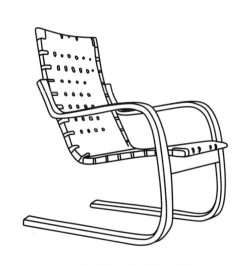
年金扶手椅(406),1935-1939

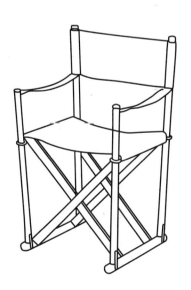
MK 瑟法里椅,1933

西方家具 [3]　现代主义

蝴蝶椅,1938

基阿伐里椅,1933

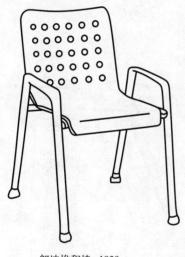

郎迪堆积椅,1939

凳子,1932-1933

根尼躺椅,1935

现代主义　[3] 西方家具

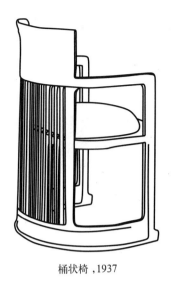
桶状椅，1937

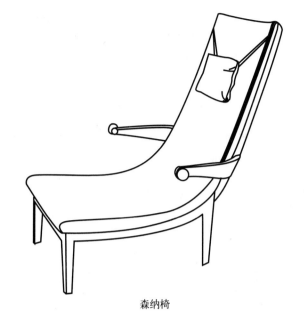
森纳椅

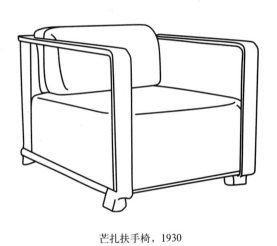
芒扎扶手椅，1930

30 哥德堡 1 号椅

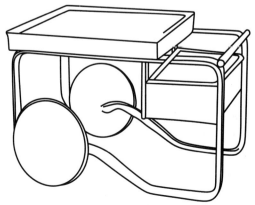
茶叶手推车，1935-1936

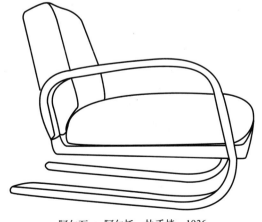
阿尔瓦·阿尔托　扶手椅，1936

西方家具 [3] 现代主义

2 第二次世界大战后的设计

第二次世界大战战后的斯堪的纳维亚设计

斯堪的纳维亚设计风格指的是20世纪30～50年代以丹麦、瑞典、芬兰、挪威等北欧国家为代表的、流行于世界的一种设计风格。20世纪30年代，斯堪的纳维亚设计取得了不小的成就。斯堪的纳维亚设计的风格是功能主义，但是相对来说几何形式被柔化了，木板用手工来进行加工，边角通常运用一些流畅的S形曲线或波浪线，被制作成弯曲、光滑的构件，展现出了精湛的制作工艺，常常被描述为"有机形"，使形式更富人情和生气，不像当时流行的那样死板、教条。

20世纪40年代为了体现民族特色而产生的怀旧感，常常表现出乡野的质朴，推动了这种柔化的趋势。早期功能主义所推崇的原色也为20世纪40年代渐次调和的色彩所取代，更为粗糙的质感和天然的材料受到设计师们的青睐。20年代的斯堪的纳维亚设计盛极一时，其朴素而有机的形态及自然的色彩和质感在国际上大受欢迎，成为当时欧美最流行的一种设计风格。随着机器的使用，典型的斯堪的纳维亚设计轮廓逐渐发生了变化，设计师都利用机器来生产他们的设计品，使造型变得更为有机、而非直角的形状。在材料方面也发生了变化，开始使用模压塑料、玻璃纤维和金属丝等新材料。

第二次世界大战后的美国设计

在第二次世界大战后的美国设计受到欧洲设计观念的影响，这些影响在和美国的市场结合后形成了国际主义设计运动。美国的设计运动充满了实用主义的商业气息，强烈的竞争是美国现代设计的原动力，美国最为突出的贡献就是发展了工业设计并使其职业化。美国的工业设计活动主要在两种场所展开，分别是独立的工业设计事务所与大企业中的设计部门。美国人认为外观造型设计是提高销量的重要手段，被称为式样化。在20世纪40年代，美国的设计师们采用的是欧洲风格，大的流派主要都是从欧洲传来的，美国现代家具设计的独创性和时效性都要落后于欧洲。在美国建于30年代的纽约城现代艺术博物馆对美国战后优秀设计的发展有着非常大的影响，而且通过举办家具设计竞赛和展览，该现代艺术博物馆激励了大批设计人才，得到了全球的广泛注意。另外，市场对包设计的需求也激发了设计的革新，促使更多的设计师设计出实用、美观、方便的家具。

第二次世界大战后的意大利设计

第二次世界大战以后，尤其是在20世纪50年代以后，意大利的设计师同样受到现代主义风格的深刻影响。意大利设计师在设计作品时既重视地方特色和个人才能的发挥，同时也能紧跟世界的发展潮流。意大利在经受功能主义，波普设计等现代设计的各种运动时，总会在这些风格的基础上衍生出许多有自身特点的变体风格，后来就变成了多姿多彩的意大利设计风格。

线条明快的现代意大利风格倾向于幽默感的趋势。在设计工作室从事家具设计时，不仅讲求美观、相称和舒适，也考虑到俏皮感和滑稽性，一反国际主义风格的严肃性。他们的设计是多元素的综合体——自然材料、现代思维、个人才能、传统工艺、现代工艺等。意大利的设计师相对于世界各国来说更倾向于把现代设计作为一种艺术和文化来操作，意大利设计师出众的创新才能使意大利在60年代就开始引领世界的创新潮流。

第二次世界大战后的德国、法国、英国设计

第二次世界大战后，德国因战争的毁灭必须重建，法国因遭到过侵略而需要复苏，英国的经济也受到严重破坏。所以在整个50年代，除了意大利和斯堪的纳维亚，到处都相对地没有什么革新变化。

第二次世界大战后德国的设计师们主要还是沿用后期的国际风格，虽然他们也采用了新材料，但是他们却仍然停留在20年代包豪斯派建立的哲学和审美的界限内。在德国的现代设计发展过程中德国经历了两次世界大战，德国始终走科学性的设计发展道路。德国人的设计非常注重功能和技术，几乎完全摈弃了传统的装饰，仅仅从造型和功能上获得美感。德国的设计重视产品的质量，"德国制造"在国际市场上意味着品质保证。他们的设计是通过把混乱的现象秩序化和规范化，将产品造型归纳为有序的、可组合的几何形态，取得均衡、简练和单纯化的逻辑效果。德国还是最早提出"绿色设计"的国家之一，重视环境保护成为德国80年代设计的重要内容。但是德国的设计过于理性，而被人们认为缺少人情味。

在英国，第二次世界大战之后，英国政府为迅速恢复和发展工业生产对工业设计所采取的一系列政策措施，使得工业设计在整个设计领域取得的成就尤为巨大。所谓的实用计划产生了用基本材料制造的标准化家具，式样并不奇异。英国人生性节俭，值得注意的是在50年代恩内斯特·雷斯创造性地利用飞机残骸来制造家具。后来，1951年的"不列颠节日"展览会激发了诸如罗宾·戴(Robin Day)、

克利夫·拉提默(Clive Latimer)和恩内斯特·雷斯等设计师，他们以比例轻巧的方式来探索使用新材料。

在法国，第二次世界大战后的一段时间里，法国的设计师又重新把国际主义风格引向流动性的有机线条的作品。他们讲究精湛的技艺，同时也利用纤维、玻璃、橡胶等新材料。奥利维尔·莫格(Olivier Mourgue)以其雕塑的形象似人的马车式博隆(Bouloum)椅，引入了超现实主义的格调。而彼得罗·弗莱博格(Pedro Freieberg)已在墨西哥设计了手掌形的椅子。尽管从20世纪50年代后期直到整个60年代，欧洲生气勃勃的设计中心确实是在斯堪的纳维亚和意大利，但在欧洲各地的设计师们在美学、智能和风格方面亦有很高的标准。

艾姆斯LCM餐椅，1946

聚丙烯椅，1963

普利厄椅，1969

蚂蚁式（第7系列）椅3107，1955

西方家具 [3] 现代主义

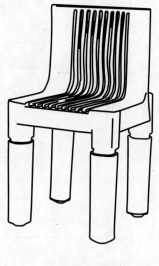

小型婴儿椅，1961

699 号高级脚椅，1957

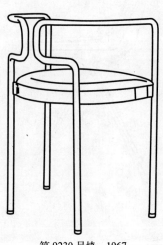

第 9230 号椅，1967

第 22 号椅，1956

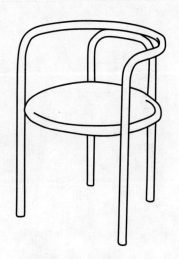

索路斯（solus）椅，1967

AX 椅，1950

现代主义 [3] 西方家具

艾姆斯 DCW 模压胶合板椅，1946

皇室家具，1969

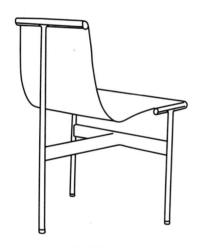

T 型椅，1952

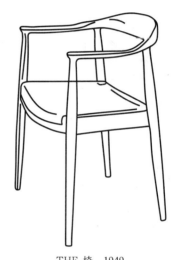

THE 椅，1949

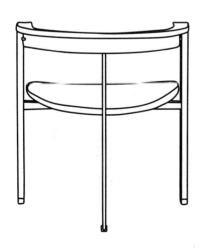

第 11 号扶手椅，1957

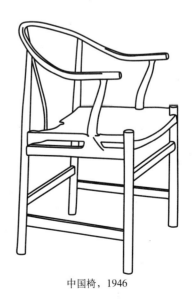

中国椅，1946

73

西方家具 [3] 现代主义

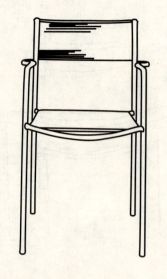
细长椅，1960

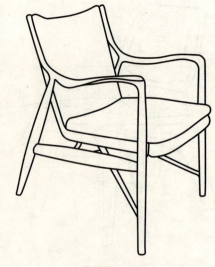
安乐椅，1945

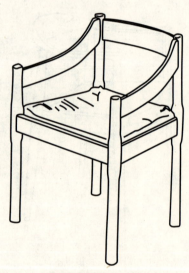
892号扶手椅，1960

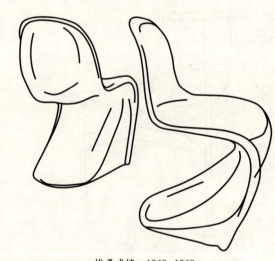
堆叠式椅，1960—1968

第24号椅，1950

高背躺椅，1951

现代主义 [3] 西方家具

卡鲁塞利椅，1965

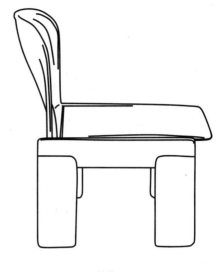

925 号椅，1966

艾姆斯 DCW 模压胶合板椅，1946

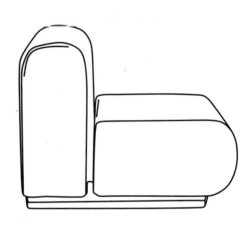

苏珊（Suzanne）躺椅，1965

羚羊椅，1950

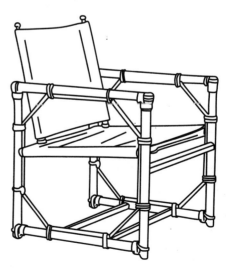

OH-9 办公藤椅，1952

西方家具 [3] 现代主义

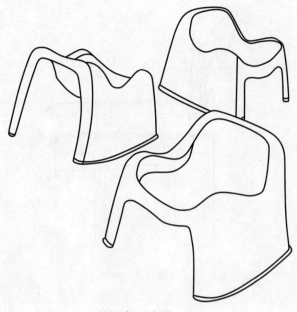

托加（Toga）椅，1968

艾姆斯 DAR 壳体椅，1950

天鹅与蛋形椅，1958

乔治－纳尔逊扶手椅，1952

现代主义 [3] 西方家具

（W-5）柳条椅，1962

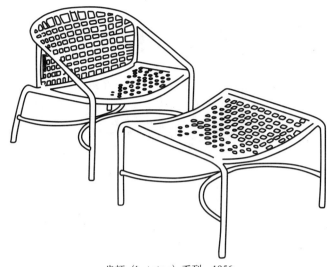

肯顿（katntan）系列，1956

506号椅，1968

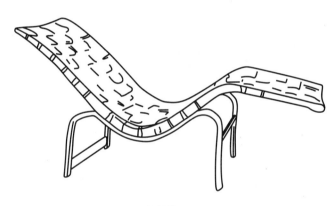

马松躺椅，1940

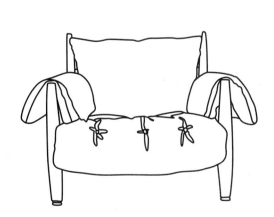

谢里夫椅，1958

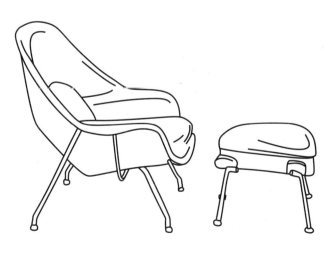

"胎"形椅，1946

西方家具 [3]　现代主义

孔雀椅（JH 550），1947

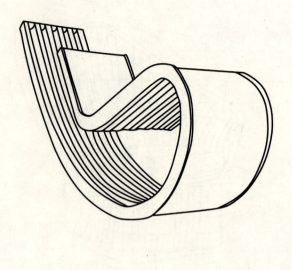
当多洛（Dondolo）摇摆椅，1969

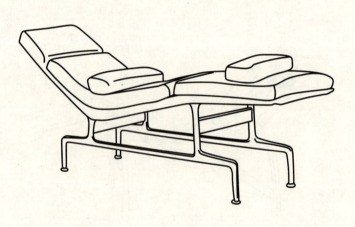
艾姆斯躺椅

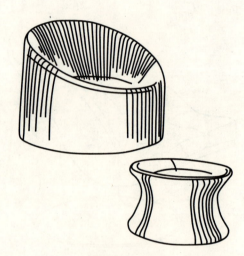
蘑菇状椅，1965

层压木椅和凳子，1963

地球、球类、炸弹或星球状的椅子，1966

现代主义 [3] 西方家具

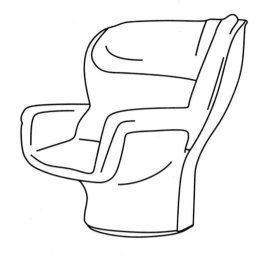

埃耳达（Dlda）1005号椅，1965

充气式椅，1967

萨科（Sccoo）椅，1969

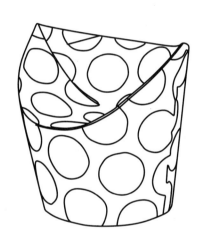

圆点花纹婴儿椅，1964

萨西（Sassi）岩石椅，1967

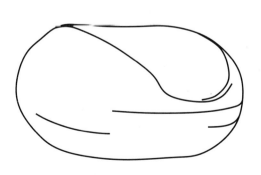

陀螺仪、糖锭或摇摆椅，1968

西方家具 [3] 现代主义

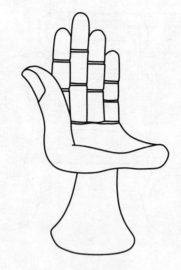

手掌椅，1963

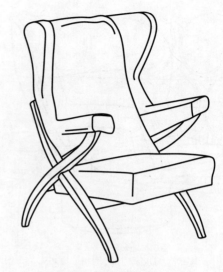

弗洛伦扎（Florenza）椅，1952

纳尔逊椰壳椅，1956

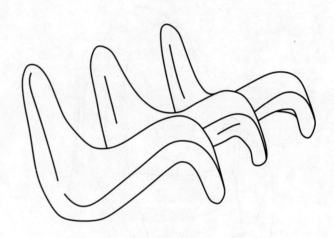

577号椅，1967

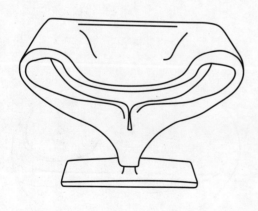

582号带状椅，1965

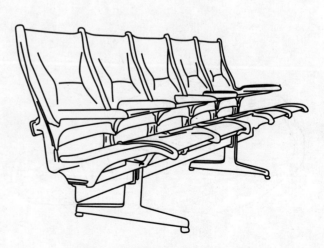

艾姆斯串列（Tandem）悬吊式座椅，1962

现代主义 [3] 西方家具

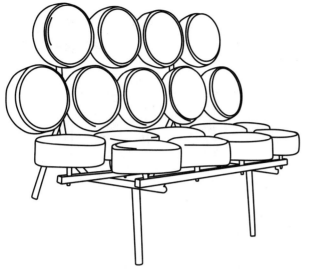

纳尔逊药蜀葵沙发，1956

鹅掌楸木柱脚式系列，1957

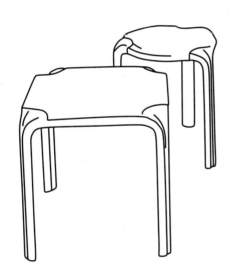

凳子和桌子，1954

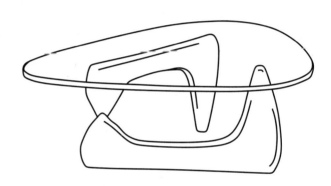

IN50 型桌子，1944

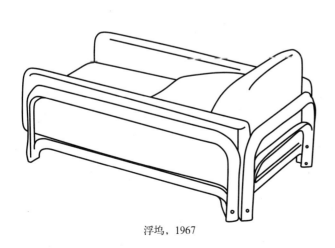

浮坞，1967

西方家具 [3] 现代主义

3 20世纪70至80年代

在欧洲地区，20世纪70年代的设计潮流原则上应该是第二次世界大战后的延续发展。例如，70年代大众化家具仍然受一定程度的欢迎。在对国际风格去芜存菁改进的同一时期，意大利人却将精力放在对材料的创新上。但是，也有某些新概念崭露头角。人们将大主教跪凳的座位进行了独特的处理，阿波奇奥椅的独特之处在于保持站立的姿势，同时组合式座椅的结构很稳固，已经得到人们的普遍关注，并且多样化的组合件越来越具有创意。

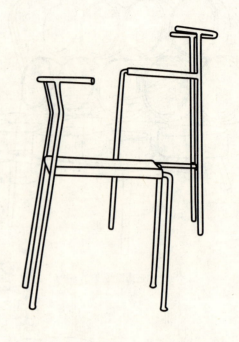

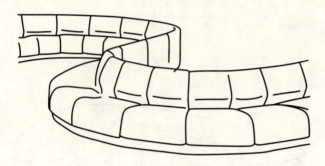

查德维克组合式座椅，1974

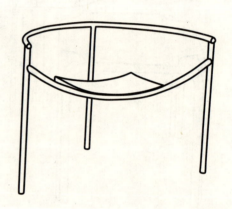

在20世纪80年代，新技术（主要是指意大利人开发的新技术）和材料的运用虽然得到了较大突破，但是人们的注意力还是依然集中在对精湛技艺的追求上。经典现代主义依然是设计的动力之一，这一风格的形式与功能仍然是统一的，简朴与纯洁起着支配的作用。在整个80年代，高科技的风格仍然很盛行，高科技设计师通过利用最新的技术和材料，创作出匀称的、金属似的、既实用又雅致的设计作品。一种叫做人类工程学的运动，也在这个时候迅速发展起来。人体工程学又叫人类工学或人类工程学，它以人－机关系为研究的对象，以实测、统计、分析为基本的研究方法。从室内设计的角度来说，人体工程学的主要功用在于通过对于生理和心理的正确认识，使室内环境因素适应人类生活活动的需要，进而达到提高室内环境质量的目标。

在这个年代的诸多风格里，孟菲斯派和相关的后现代主义是最新的流派。自1980年以来，设计师们从激进观念为出发点来设计家具，设计家通过他们的作品夸张的显露冲击人们眼球的艳丽色彩、浮夸的形状、漫画般的造型和尺寸。但是，在孟菲斯式的作品中，我们还能够体会到风格派旧的基本要素，或许80年代有的只是幽默风趣。

椅子，1982-1983

现代主义 [3] 西方家具

亚特兰蒂斯（Atlantis）系列，1982

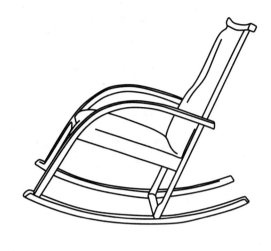

摇摆椅，1982

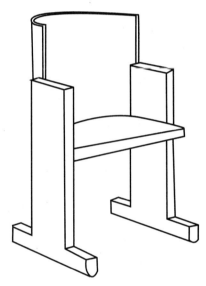

Teodora 椅

摇摆椅，1970-80 年代

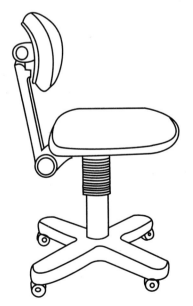

索特萨斯 (Sottsass) 于 1972 年设计的一件办公椅

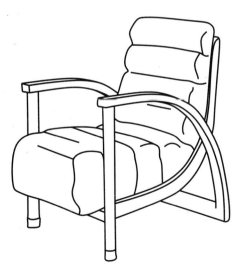

日食椅，1985

西方家具 [3]　现代主义

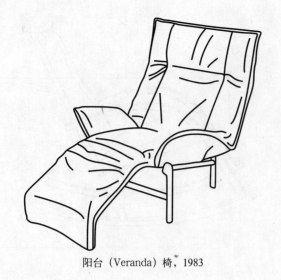
阳台（Veranda）椅，1983

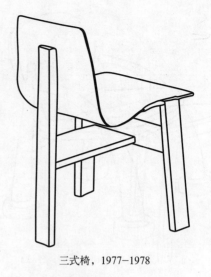
三式椅，1977–1978

闪烁（Wink）躺椅，1980

威廉逊椅，1970年代后期

三角椅，1974

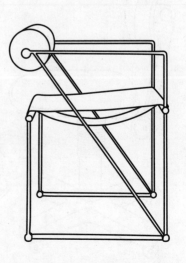
87号第二款（Seconda）扶手椅，1982

现代主义 [3] 西方家具

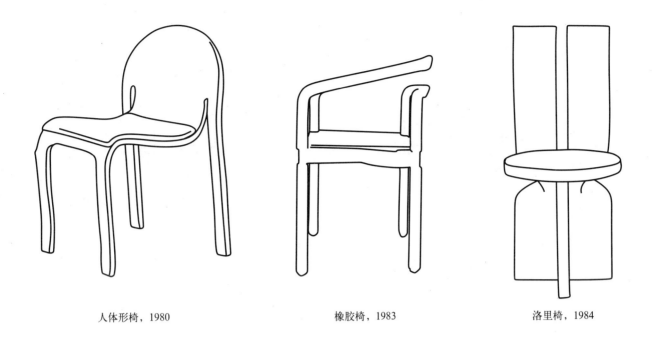

人体形椅，1980　　　　　橡胶椅，1983　　　　　洛里椅，1984

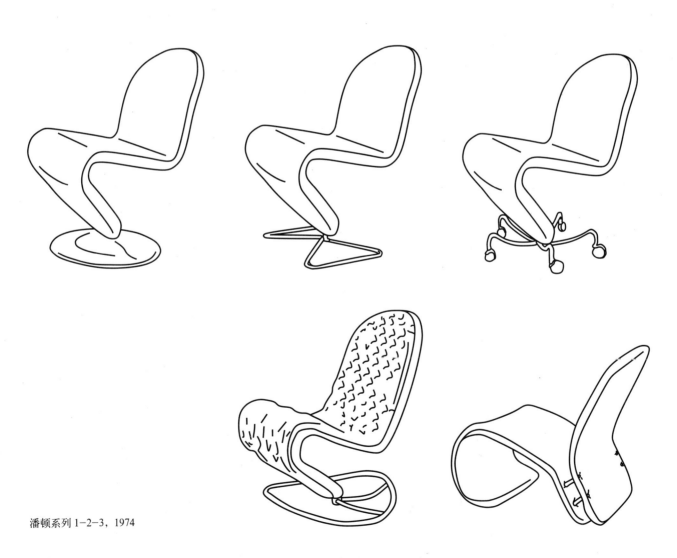

潘顿系列 1-2-3，1974

西方家具 [3] 现代主义

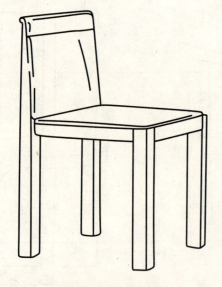
剧场（Teatro）椅，1982

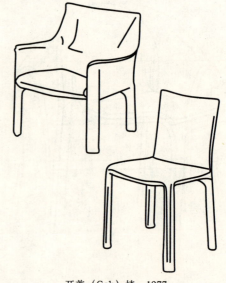
开普（Cab）椅，1977

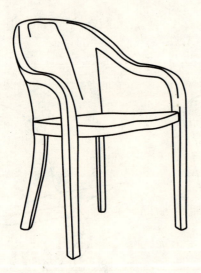
大学椅，1971

俱乐部盆（Tub）椅，1970年代

高迪椅，1970

咖啡系列，1983

现代主义 [3] 西方家具

扶手椅，1982

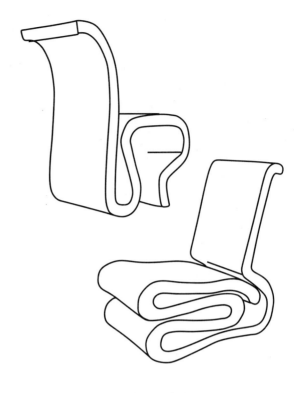

边角式安乐椅，1972-80 年代

雕像（Torso）椅，1982

大主教跪凳，1970

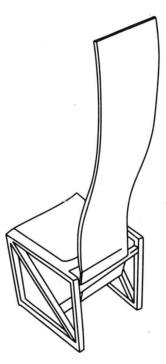

江户系列（Serie Edo）椅，1981

西方家具 [3] 现代主义

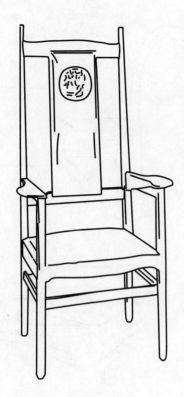

扶手椅，1970

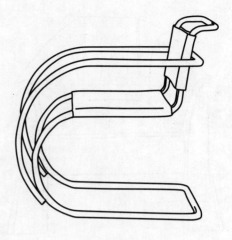

MR 椅，1972

8043 号篮筐式椅，1970 年代

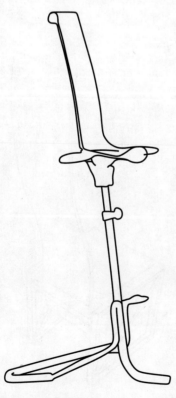

阿波奇奥椅，1971

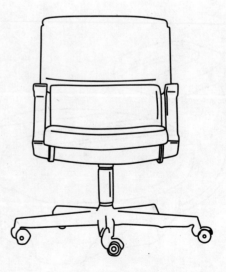

25 号系列，1980 年代

现代主义 [3] 西方家具

大槽形状椅，1985

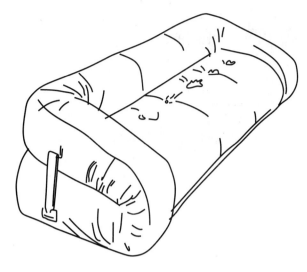

安菲比奥沙发，1971

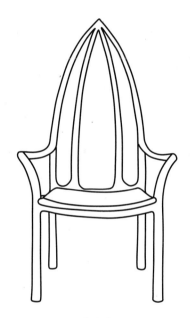

乌木哥特式椅，1978

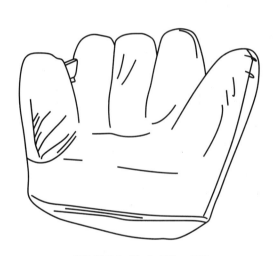

1000 号乔式（Joe）躺椅，1970

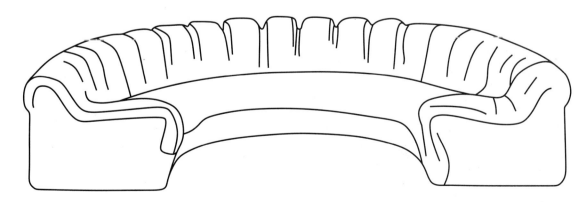

连绵不断的沙发，1972

西方家具 [3] 现代主义

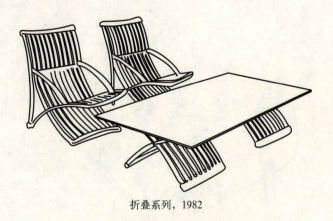
折叠系列,1982

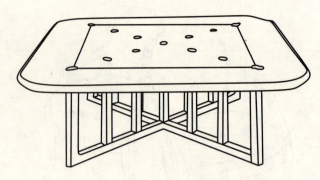
德-梅尼耳(De Menil)桌,1983

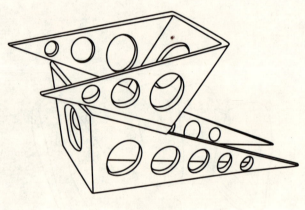
铝制椅,1981

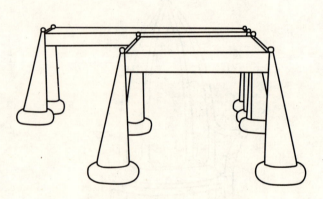
亚特兰蒂斯(Atlantis)系列2,1982

马长凳,1979

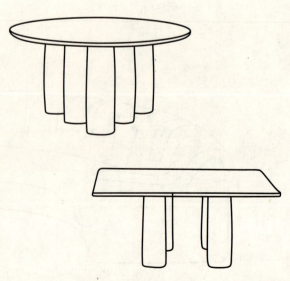
伊耳-克罗那多桌子,1977

现代主义 [3] 西方家具

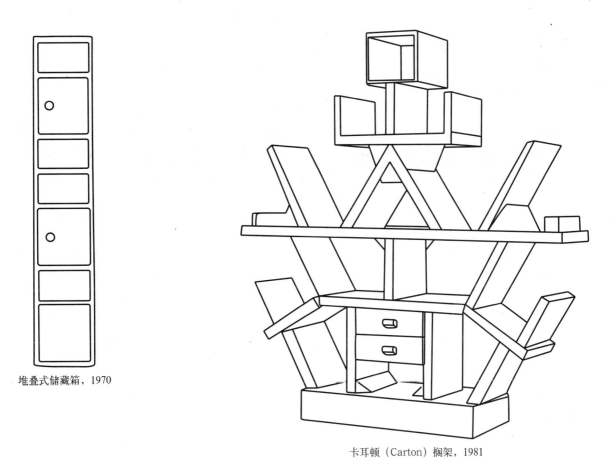

堆叠式储藏箱，1970

卡耳顿（Carton）搁架，1981

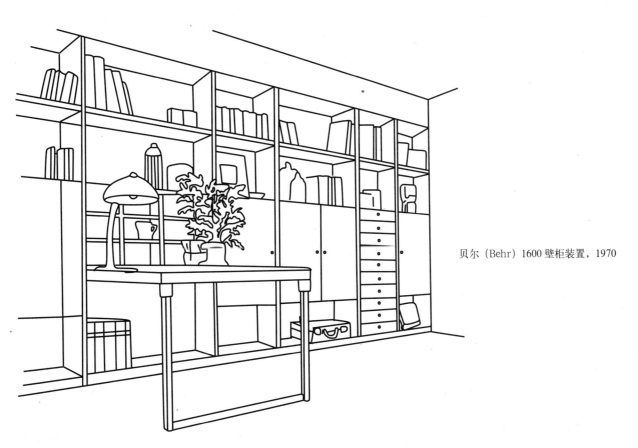

贝尔（Behr）1600 壁柜装置，1970

西方家具 [3] 西方当代家具设计

西方当代家具设计

20世纪90年代在西方兴起的以信息技术为代表的新技术革命，给西方现代家具设计带来了一系列的重大影响。技术的发展和新材料的出现促进家具制造工艺技术的革新与进步，而现代艺术尤其是现代建筑设计、现代工业产品设计的兴起和发展又带来了家具造型设计的不断演变和创新。

走进新千年的西方现代家具设计，似乎已经很难挑出一种非常确定的风格来。相对于那些色彩亮丽、造型"奇异"的后现代主义家具设计来说，现代家具设计的锋芒有所收敛，取而代之的是：设计体现了功能化、个性化，以表现后工业设计的多重性为主。它们表达出的设计理念相当广泛，并且有很强的空间张力，既具备良好的功能性，又能够单独放置供人欣赏。

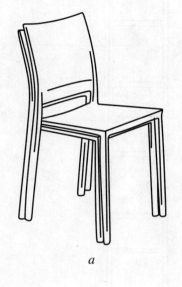

a

 座椅类

b

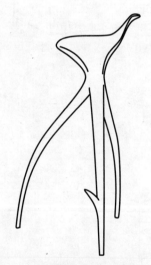

Wim Wenders 坐凳，1990
飞利浦·斯达克

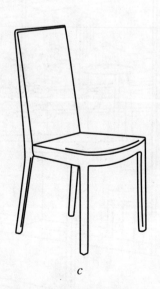

c

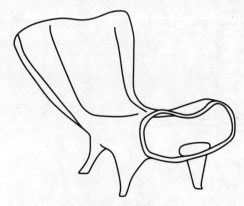

"生命力"塑料椅，1998

27届乌迪内国际椅子展获奖作品

西方当代家具设计 [3] 西方家具

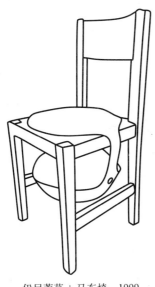

伊尼蒂莫+马车椅，1999

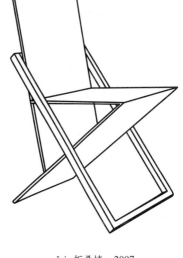

Isis 折叠椅，2007

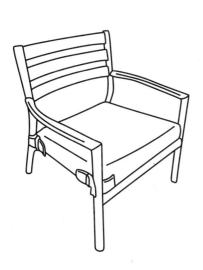

Instant Classic 单椅，2005

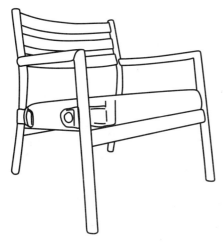

休闲椅，2007

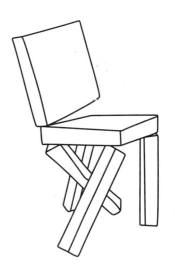

IL－克劳罗椅，2000

西方家具 [3] 西方当代家具设计

Relounge 座椅，2004

Liv 收藏椅，1999

Gisele 休闲椅，2002

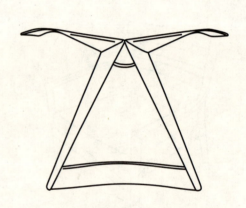

折叠椅，楠娜蒂兹尔，1992

MINNI

斯克达罗凳桌，2000

西方当代家具设计 [3] 西方家具

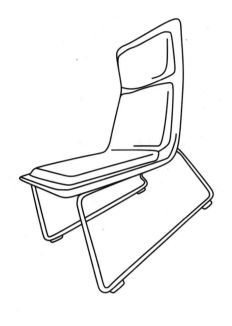

LOW PAD

"客套" 2000 沙发，1999

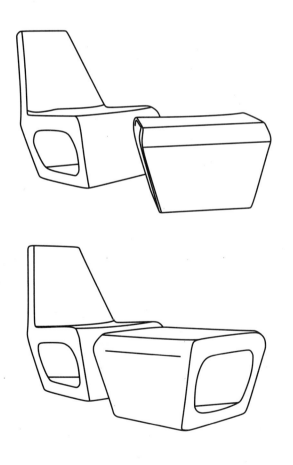

Jellyfish 休闲椅，2005

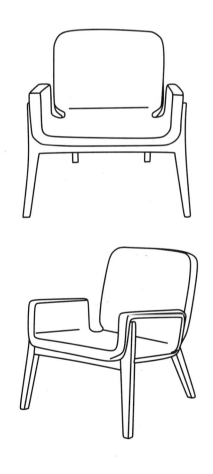

Jockey，Frangcois Azambourg，2007

95

西方家具 [3]　西方当代家具设计

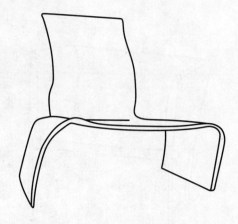

平坦椅，2000

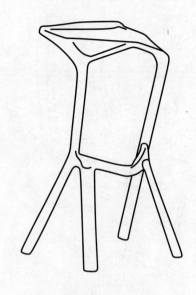

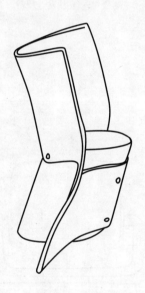

"如以显风"椅，1999

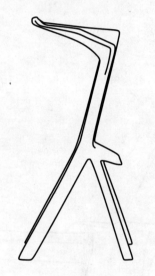

Miura 凳，100% Design 最佳产品奖，2005

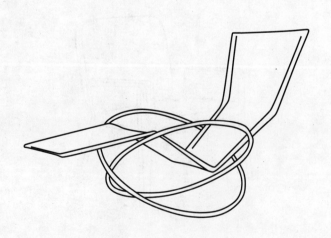

Loop Lounger 休闲摇椅，2003

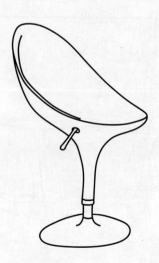

博姆博椅，1999

西方当代家具设计 [3] 西方家具

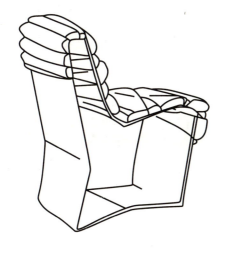

力量排列椅，1996

SPRTING

米斯－拉迈尔兹椅，1997

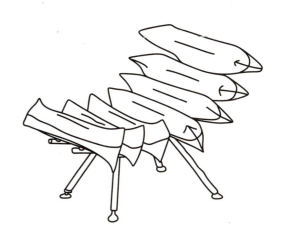

躺椅，因夫雷特，1997

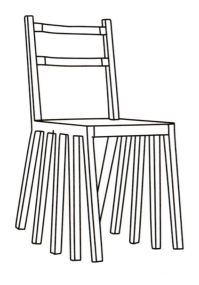

KU DIR KA，2006

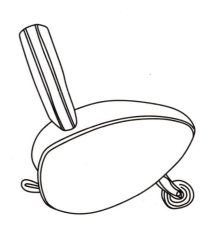

W2椅，2000

西方家具 [3]　西方当代家具设计

AXIOME 椅，2006　　　　　　　　404 系列椅，2006

27 届乌迪内国际椅子展获奖作品

西方当代家具设计 [3] 西方家具

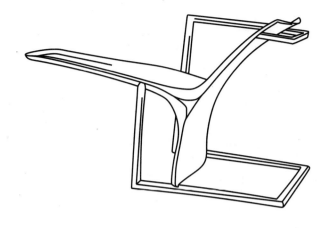

用餐躺椅，1999

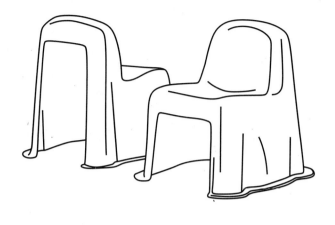

Nobody 椅，2007

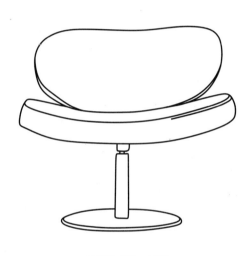

日落扶手椅，1998

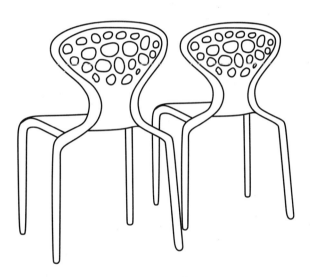

SUPERNATURAL 椅，2006

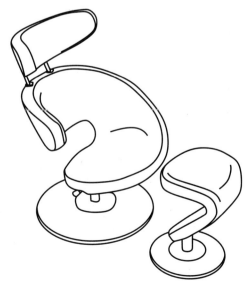

Peel 休闲椅

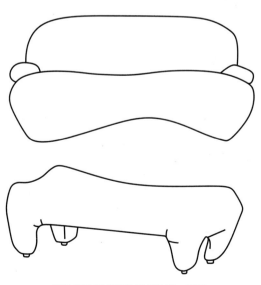

肖沙发和无靠背扶手长软椅，2000

西方家具 [3] 西方当代家具设计

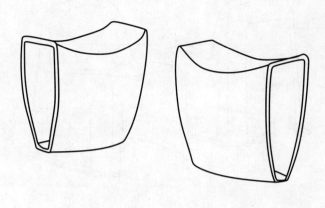

长廊凳子，汉斯，1999

双人长椅，楠娜蒂兹尔

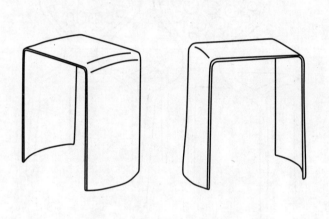

Wind 弯曲木凳，2005

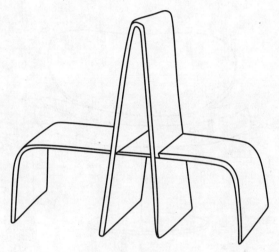

加姆戈拉座椅，1998

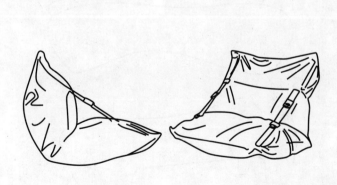

空气包躺椅，1997

Mr-Impossible 椅，2007

西方当代家具设计 [3] 西方家具

steelwood 咖啡椅, 2007

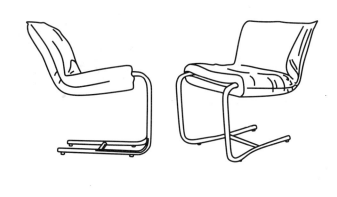

Dress, 1999

Wogg 37 扶手椅, 2006

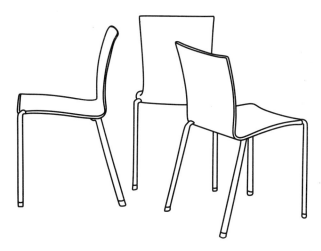

Taino 椅, 2001

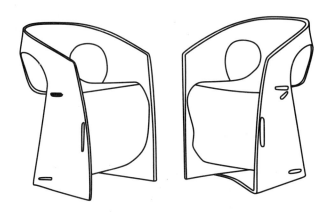

i b pop 椅, 2006

Dr-Yes 椅, 2007

西方家具 [3] 西方当代家具设计

Prive 系列，2007

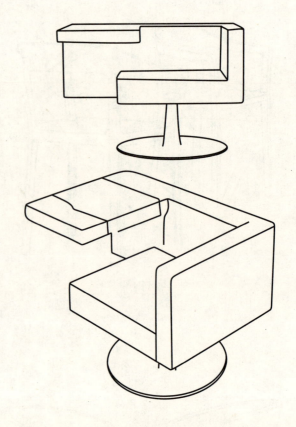

Solitaire 安乐椅，2001

Spoon 高脚凳，2002

Eros 椅，Starck，2001

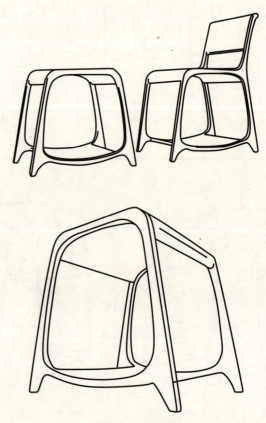

Strata 系列，2007

西方当代家具设计 [3] 西方家具

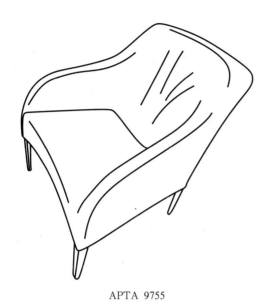

APTA 9755

OC 休闲椅，2005

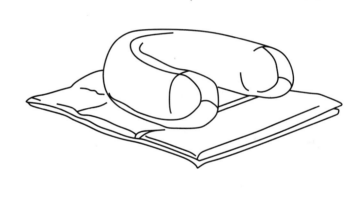

YIN YANG 躺椅，2007

Pow-Wow 休闲椅，1999

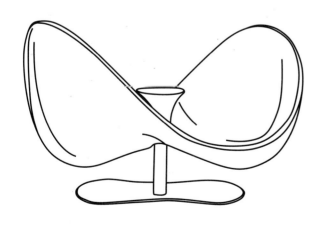

Clicquot Loveseat，2007

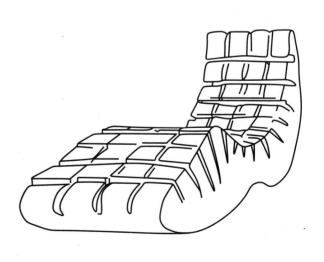

芒果躺椅，2000

103

西方家具 [3]　西方当代家具设计

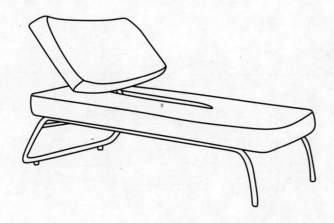

"情绪"躺椅，2000

BAIALONGA 扶手椅，2007

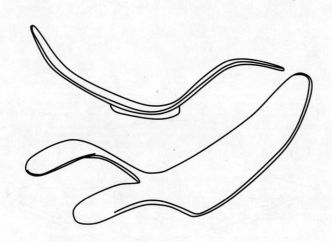

chip（薄片椅），1996

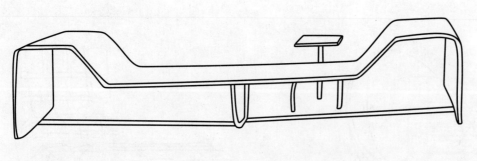

日息沙发，1999

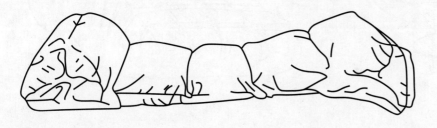

枕垫躺椅，2000

西方当代家具设计　[3] 西方家具

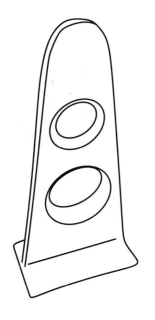

mov 凳，2003

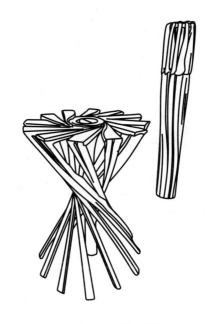

one shot.mgx 凳，1996

[2] 沙发类

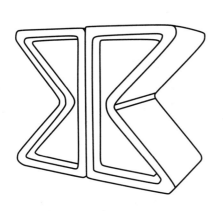

K Block（凳），2006

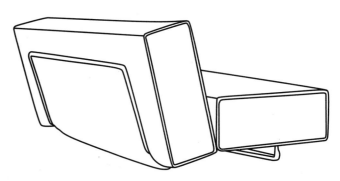

POL 沙发，2007

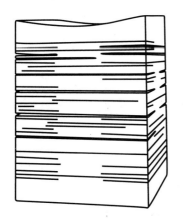

Sway 凳，2004

Bovist pouf，2005

西方家具 [3]　西方当代家具设计

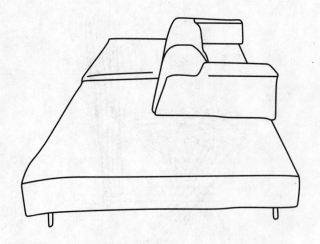

地铁 2 沙发，2000

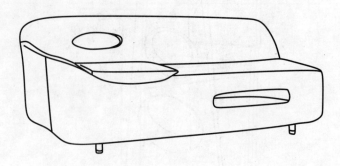

沙发 1，1999

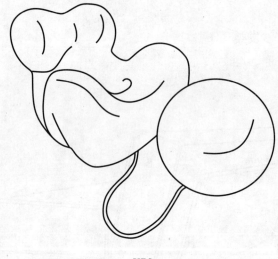

UPS

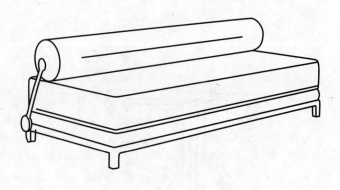

Twilight Sleep 沙发，1999

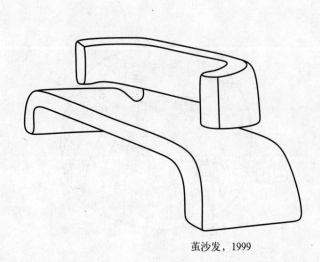

茧沙发，1999

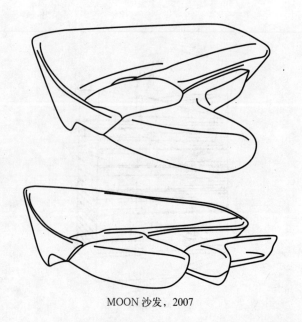

MOON 沙发，2007

西方当代家具设计 [3] 西方家具

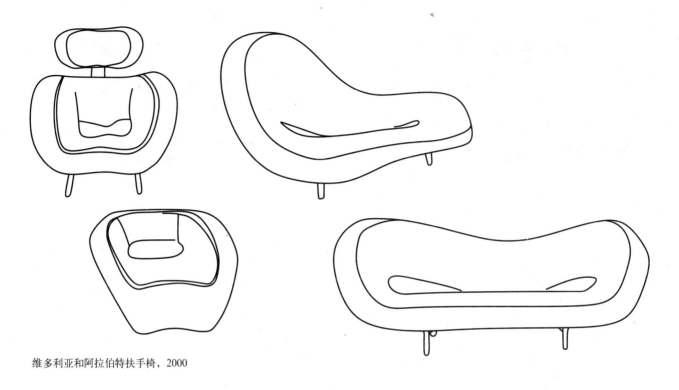

维多利亚和阿拉伯特扶手椅，2000

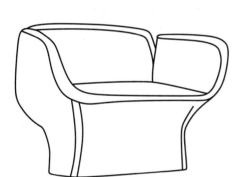

Bloomy 系列，2004

3 桌类

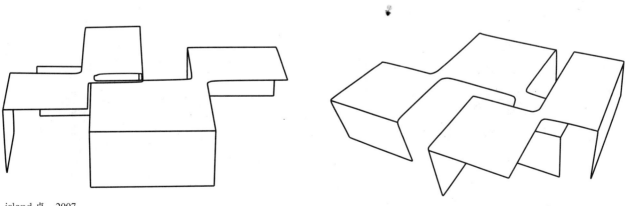

island 桌，2007

西方家具 [3] 西方当代家具设计

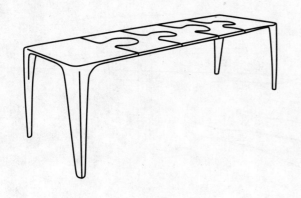

Pingolongo 桌，2005

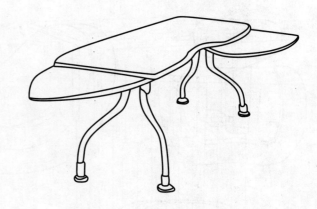

基瓦"翼"桌，1999

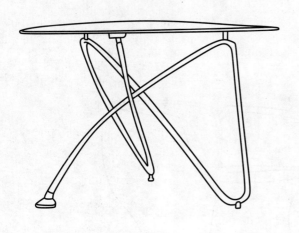

H2O 桌，2000

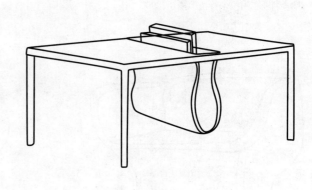

咖啡桌，留意缝杂志架，1998

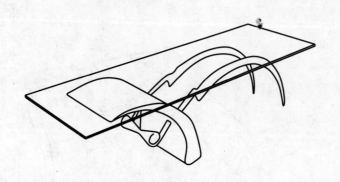

意大利现代茶几设计（1999 米兰家具博览会获奖作品）

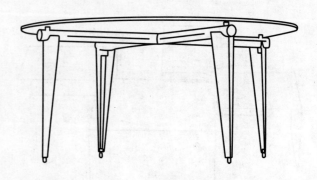

PYLON 桌，1991

西方当代家具设计 [3] 西方家具

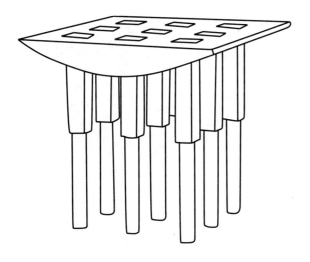

螺杆桌，1998

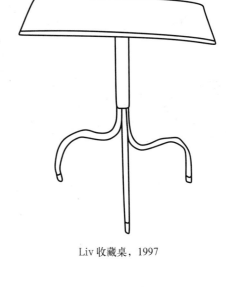

Liv 收藏桌，1997

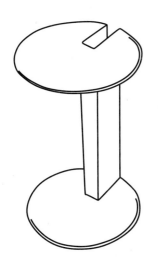

Porter 小桌，2006

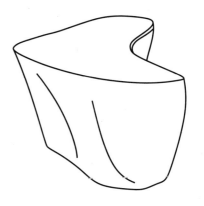

BaObab 桌，2006

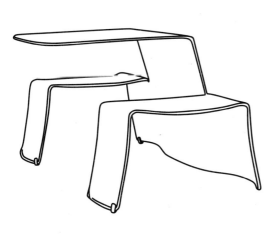

PicNik, dirk wynants, 2002

西方家具 [3] 西方当代家具设计

4 其他

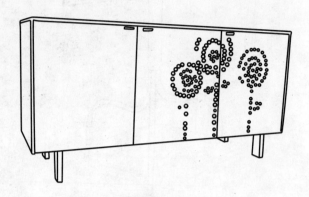

Mod 软木餐具柜，2007

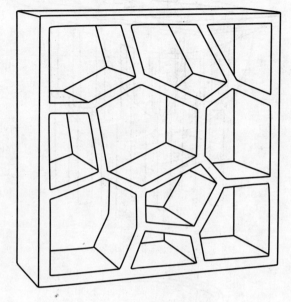

Opus Incertum 陈列架，2005

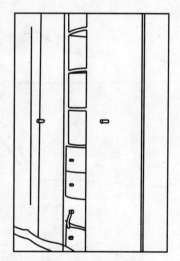

曲美组合柜，汉斯，1999

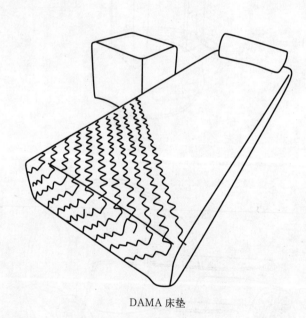

DAMA 床垫

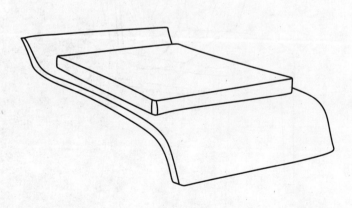

床 01，1999

世界获奖作品

家具的设计和其他任何产品的设计一样，其核心都是创造，创造出有美感的、前所未有的产品形式是设计的基本要求，创造也是设计的重要原则之一。家具设计的新理念一定是以体现当代文化背景为基础的，而新材料、新结构、新技术的运用则是创造的要素；创新的理念还强调各种设计元素的综合运用，寻求一个最佳的结合点，创造出美的造型形式。

从家具的设计趋势来看，以往的家具设计一般只是讲究家具功能的实用性，在造型上也一般都是方形或圆形，对色彩的运用也很保守。随着世界经济的发展和科学技术的腾飞，现代家具的设计已经超越了以往单纯对实用价值的追求，设计师们开始把家具设计的焦点放在家具的创新概念上，追求家具外形的时代感，注重线条和结构的运用，颜色的运用也变得更加大胆。世界获奖的家具名品，很大程度上体现了当今或今后世界家具设计的流行趋势。

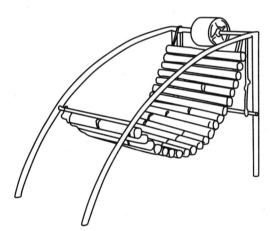

休闲椅（欧洲新个人主义作品展93获奖展品）

德国科隆国家家具展览会

德国科隆展览公司主办，每年一届，是当今世界最大最负盛名的家具展会，始于1949年，每年1月份在德国科隆国际博览中心举行。参加德国科隆展览会对于众多的家具的供应商来说，该展会无可争议的成为引领业内主导产品的展会，终端客户也能充分了解到家具业内的最新产品和流行趋势。

展示内容：

1. 国际基本产品区：客厅和卧室家具；
2. 现代时尚的客厅和卧室家具、实木家具、仿古家具和复制家具；
3. 桌台、座椅、餐厅家具、信息服务及物流；
4. 厨房家具及设施；
5. 软体家具－成套家具、扶手椅、单体沙发、沙发床、躺椅；
6. 板式家具；
7. 床垫及卧具系统、床、水床、被褥、床上用品及附件；
8. 现代设计家居、家居饰品、纺织品、灯具以及完整的居住空间设计理念。

"金罗盘"奖

"金罗盘"奖创立于1954年，每三年评选一次。这是欧洲首屈一指的设计奖项，该奖项的评选涉及以下九个领域：交通、家具设计、照明设备、消费者产品、通信和电子产品、生产资料、图片及多媒体、公共建设工程以及一个特别门类。创立"金罗盘"奖的目的是推动意大利设计的品质。

卢布尔雅那设计双年奖

卢布尔雅那设计艺术中心主办。该奖项是纯为表现设计的，每次评出12件获奖作品，是表现家具设计新理念、新思潮的一个权威性奖项，是世界家具设计方面最重要的奖项之一。

美居博览

由香港和台湾两地轮流举办，每年一次。主要展出家具精品及家庭用品。展品以意大利、德国、法国、西班牙、英国这些国家及中国香港、中国台湾地区的产品为主。

欧洲新个人主义作品展

欧洲设计协会和德国Thonet公司主办，每四年举办一次，展览地点不固定。参展主要为邀请形式，主要是名师作品、经典名作、欧洲各国设计师的代表作。

米兰世界前卫艺术作品展

International Style 杂志主办，每四年举办一次。对作品的要求包括文化、人类工程学、潮流、生产工艺四个方面。

大阪国际装饰材料与家具展

日本工业制品协会主办，每两年一届。主要展示最新室内外装饰材料以及一些家具的创新设计和最新工艺。属于商业性展览，最近三届均有超过300家以上的企业参加。

米兰家具展

全球家具业的"奥林匹克"盛会——米兰国际家具展，作为世界家具与家居设计的顶尖展会的米

西方家具 [3] 世界获奖作品

座椅（大阪国际装饰材料与家具展'93获奖展品）

"艺术与生活"设计竞赛

法国沙龙艺术会"新意作品"艺术中心主办。题材不限，注重创意。参赛者不限国别，费用全免。竞赛总评由主办机构联同知名艺术家组成。

1 桌、椅类

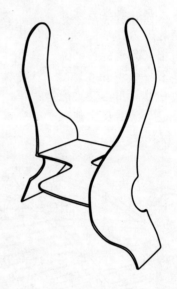

爱之椅（1995法国"艺术与生活"设计竞赛银奖）

兰国际家具展与"米兰设计周"，是全世界家具、家居、建筑、服装、配饰、灯具、设计专业人士每年一度"朝圣"的设计圣地。

中国台湾家具工业协会"精良奖"

中国台湾家具工业协会主办，每年评奖一次。参加比赛的家具必须是在台湾生产的，并在本年度已上市销售的成品，全部由在台湾注册的厂商提供，个人自合计作品或非卖品不在此列。参赛家具共分：厨房家具、办公家具、一般家具、玻璃家具、艺术家具、沙发类家具六大类。

中国香港国际家具展览会

香港贸易发展局及香港先施公司主办，每年一次，属于纯商业性质的展览，主要展出名厂家具、家具配件精品。作为系列活动常配有专题家具展，比如环保家具、纸品家具、艺术家具、公共家具等、学术讲座、评奖活动。

法国设计形象奖

法国《工业造型》杂志社主办，每两年一次，以设计竞赛的形式评奖。不注重实用性和工业化生产情况，侧重于色彩、用材的搭配，造型的新奇和功能多样化。参赛者多为设计师和艺术院校的学生。

布鲁塞尔家具博览会

布鲁塞尔摩托蒙家具商业中心主办属于商业性质的展会，参加展示的家具通常不少于1000家及15000组。分家具、软包家具、家具配件三大类展出。

Pupa椅子（米兰世界前卫艺术作品展'94获奖展品）

世界获奖作品 [3] 西方家具

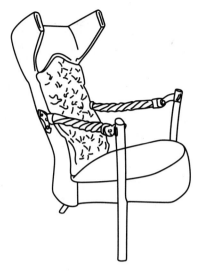

椅（SAWAYA&MDRONI-欧洲新个人主义作品93获奖展品）

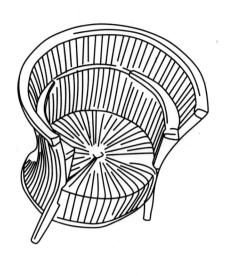

椅（1993布鲁塞尔家具博览会展品）

Portfolio（卢布雅那设计双年奖-92获奖展品）

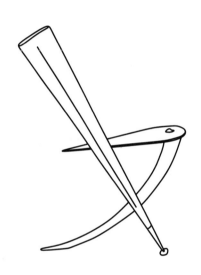

Samantha（金罗盘奖）

lki-Oko（欧洲新个人主义作品展93铜奖）

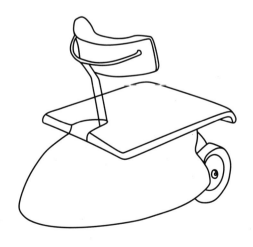

保健椅（电动）大阪国际装饰材料与家具展（创新设计奖）

113

西方家具 [3]　世界获奖作品

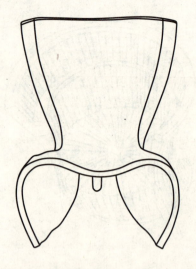

安乐椅（米兰世界前卫艺术作品展94金奖）

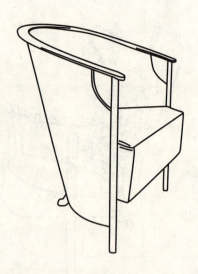

椅（大阪国际装饰材料与家具展设计优秀奖，1993）

雅适椅（大阪国际装饰材料与家具展93创新设计奖）

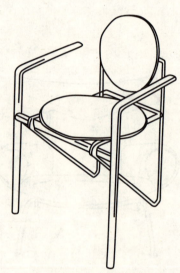

Luna扶手椅（Dimensions奖）

F-L欧洲新个人主义作品展93获奖展品）

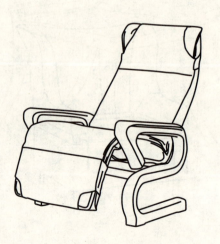

Poltrona Relax2000

世界获奖作品 [3] 西方家具

Tree chair（1993年科隆国际家具展获奖展品）

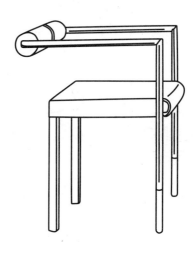

Caterina M（93年科隆国际家具展获奖作品）

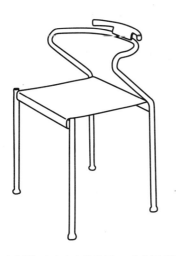

椅（欧洲新个人主义作品展93获奖展品）

椅子（卢布尔雅那设计双年奖92获奖展品）

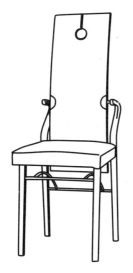

Nature（欧洲新个人主义作品再蓝93银奖）

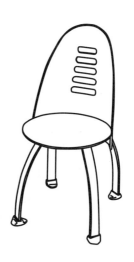

Frog

西方家具 [3] 世界获奖作品

Mama 摇摇椅（大阪国际装饰材料与家具展创新设计奖，1993）

Fold（93年科隆国际家具展获奖展品）

Cortina

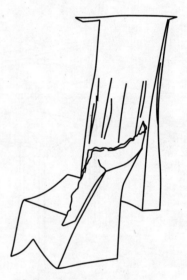

环保沙发（纸品家具）（香港国际家具展览会特别奖，1994）

Lula（93年科隆国际家具获奖展品）

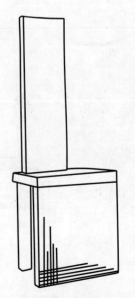

Rvivolo（1993英国伯明翰奖银奖）

世界获奖作品 [3] 西方家具

Spider 扪布椅（英国伯明翰奖特别奖，1993）

"Disco" 凳子（米兰世界前卫艺术设计作品展 94 创新奖）

Mackintosh，1905

Valesca（93 科隆国际家具获奖展品）

钢琴椅（欧洲新个人主义作品展 93 获奖展品）

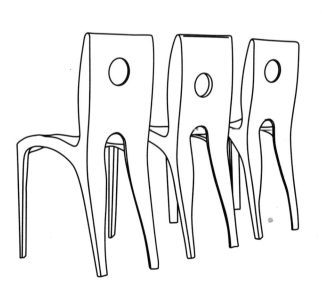

Human Touch（国际家具展览会特别奖，1994）

西方家具 [3] 世界获奖作品

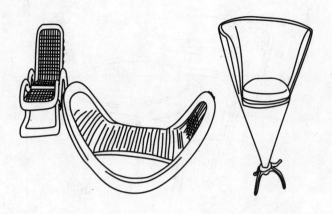

藤椅（1995 法国"艺术与生活"设计竞赛铜奖）

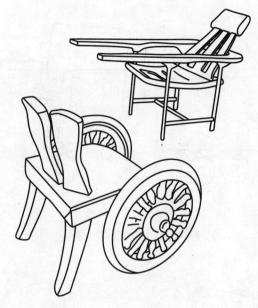

儿童摇椅和农场椅（法国"艺术与生活"设计竞赛特别奖）

椅与凳（卢布尔雅那设计双年奖 92 获奖展品）

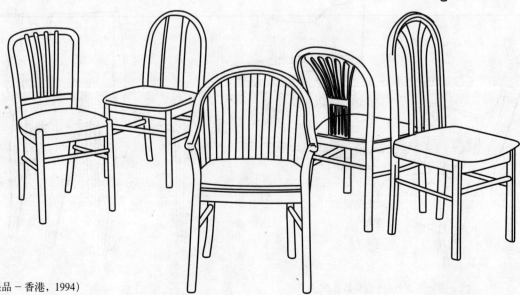

椅（国际家具展览会展品－香港，1994）

世界获奖作品 [3] 西方家具

吻合 2（米兰世界前卫艺术作品展 94 观摩奖）

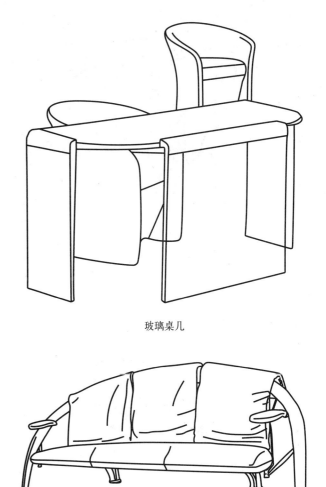

玻璃桌几

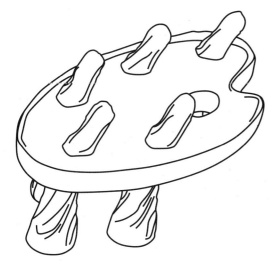

吻合（米兰世界前卫艺术作品展 94 观摩奖）

"Boli" 休闲椅（卢布尔雅那设计双年奖 92 获奖展品）

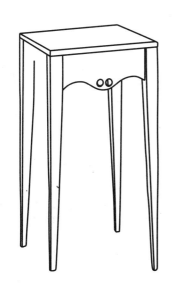

木桌几（欧洲新个人主义作品展 93 "Dimensions" 奖）

布鲁塞尔家具博览会展品，1993

西方家具 [3]　世界获奖作品

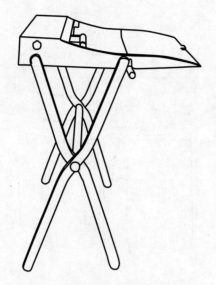

可折叠写字桌（93年科隆国际家具展品）

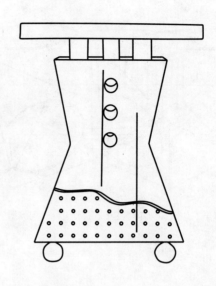

Amadeus（卢布尔雅那设计双年奖92年获奖展品）

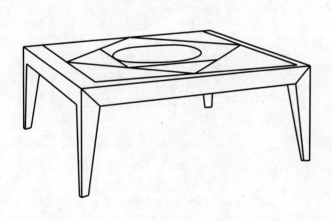

矮桌（卡洛斯－巴斯）

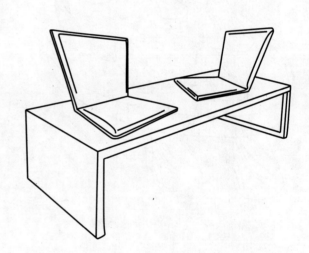

椅子（米兰世界前卫艺术作品展94获奖展品）

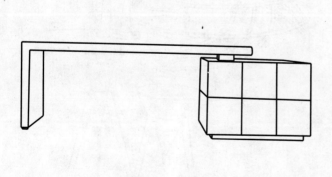

Potrona Fran CED Desk

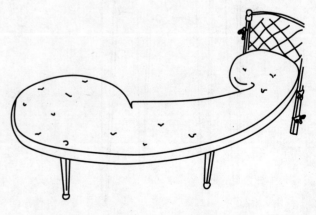

贵妇（欧洲新个人主义作品展93金奖）

世界获奖作品 [3] 西方家具

茶几（米兰世界前卫艺术作品展 94 观摩奖）

会飞舞的茶几（欧洲新个人主义作品展 93 获奖展品）

书桌（卢布尔雅那设计双年奖 92 "Dimensions" 奖

羚羊之桌（卢布尔雅那设计双年奖 92 获奖展品）

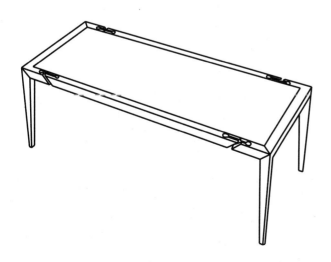

Kali（93 科隆国际家具展品）

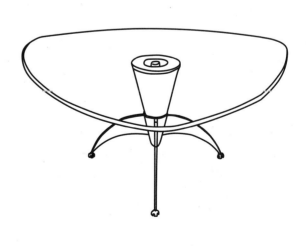

茶几（米兰世界前卫艺术作品展 94 个人
组参展作品）

西方家具 [3] 世界获奖作品

桌几（1993 布鲁塞尔家具博览会展品）

世界获奖作品 [3] 西方家具

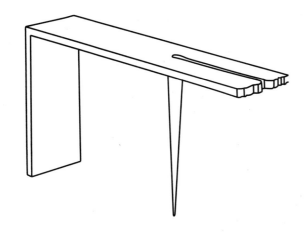

Grande Mensola（93科隆国际家具获奖展品）

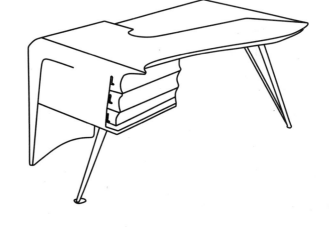

Confluenze 书桌（米兰世界前卫艺术作品展94银奖）

Benny P（93科隆国际家具展品）

公牛之桌，1969

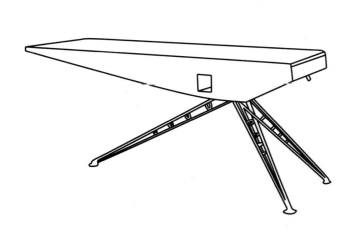

个人工作桌（欧洲新个人主义作品展93年）

"昆虫"卢布尔雅那设计双年奖92"Dimensions"奖

123

西方家具 [3] 世界获奖作品

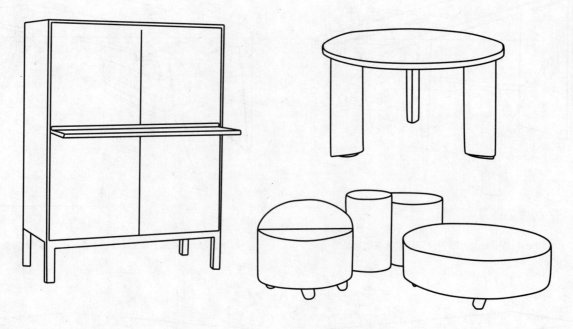

创新系列（"艺术与生活"设计竞赛金奖，1995）

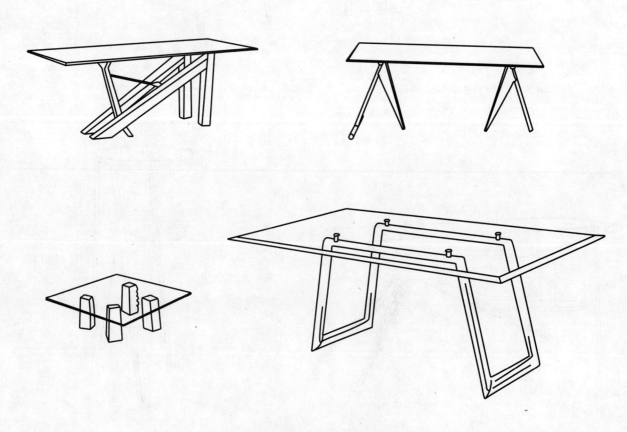

茶几（1993布鲁塞尔家具展览会展品）

世界获奖作品 [3] 西方家具

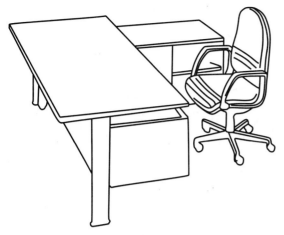

写字台（台湾家具工业协会"精良奖"办公家具类，1992）

写字台（1995"精良奖"台湾）

写字台（台湾"精良奖"）

Maksor 餐桌

室内阳台休闲家具（大阪国际装饰材料与家具展93"杰出新锐奖"）

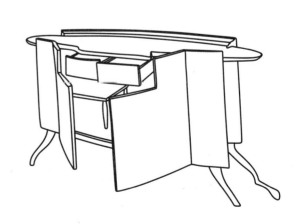

FB柜（金罗盘奖）

西方家具 [3] 世界获奖作品

2 沙发类

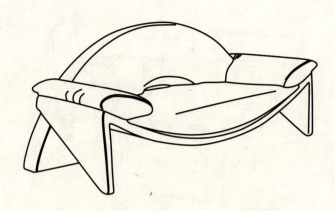
Aries 沙发（卢布尔雅那设计双年奖 92 参展作品）

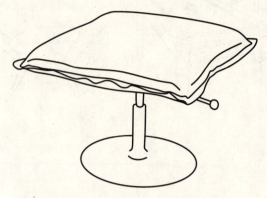
Pvalmaria 脚凳（大阪国际装饰材料与家具展制作奖，1993）

"Eclipselipss" 沙发（卢布雅那设计双年奖 92 获奖展品）

瓦通纸沙发（香港国际家具展览会特别奖，1994）

SAPORITI（米兰世界前卫艺术作品展 94 获奖展品）

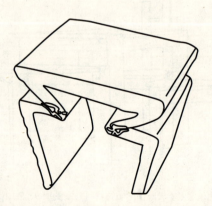
向量中的平衡（沙发）（欧洲新个人主义作品展 93 获奖展品）

世界获奖作品 [3] 西方家具

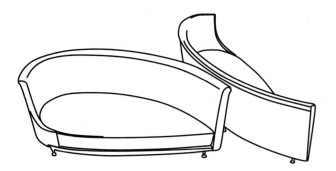

曲线（沙发）（欧洲新个人主义作品展93获奖展品）

Uttrecht沙发（卢布尔雅那设计双年奖92获奖展品）

休闲沙发（国际家具博览会获奖展品 香港，1994）

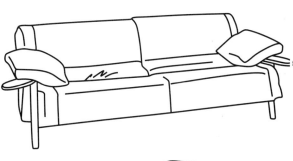

Rialton（科隆国际家具展银奖，1989）

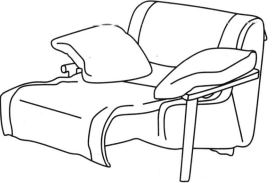

沙发（国际家具展览会获奖展品，1994）

127

西方家具 [3]　世界获奖作品

Medea 沙发（欧洲新个人主义作品展 93 获奖展品）

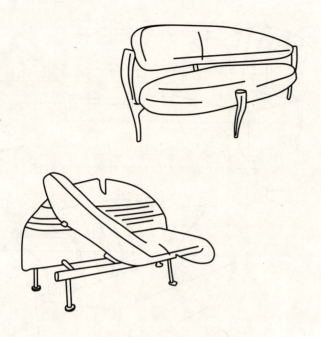

Mimi（欧洲新个人主义作品展 93 获奖展品）

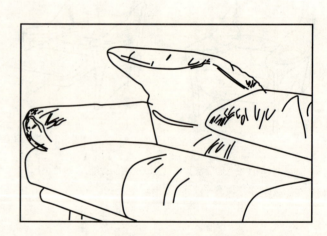

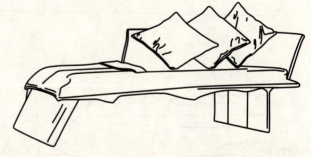

沙发（布鲁塞尔家具博览会软包家具金奖，1993）

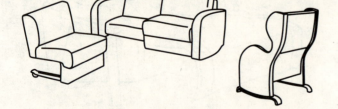

Cassina 沙发系列（卢布尔雅那设计双年奖 92 获奖展品）

世界获奖作品 [3] 西方家具

沙发（英国伯明翰奖 88）

沙发（欧洲新个人主义作品展 93 金奖）

沙发（卢布尔雅那设计双年奖 92 获奖展品）

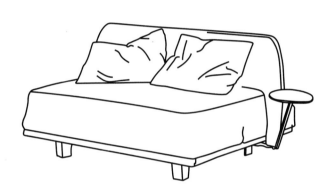

Campeggi 沙发床

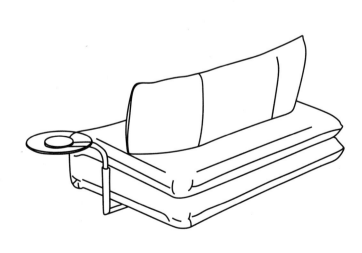

"Folio" 沙发（1993 年科隆国际家具展获奖展品）

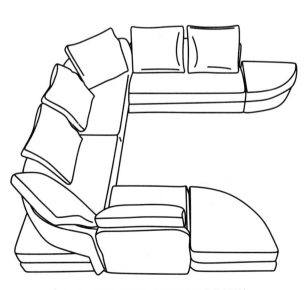

Scala（1993 年科隆国际家具展获奖展品）

西方家具 [3]　世界获奖作品

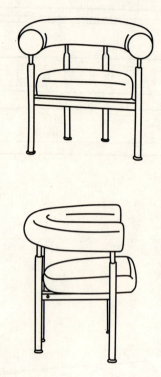
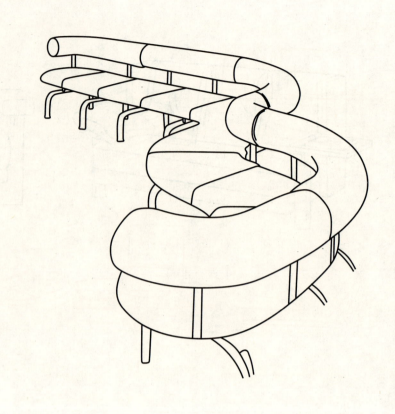

管道线形沙发（金罗盘奖）

沙发－椅（日本室内设计师协会"学院派"作品，1993）

世界获奖作品 [3] 西方家具

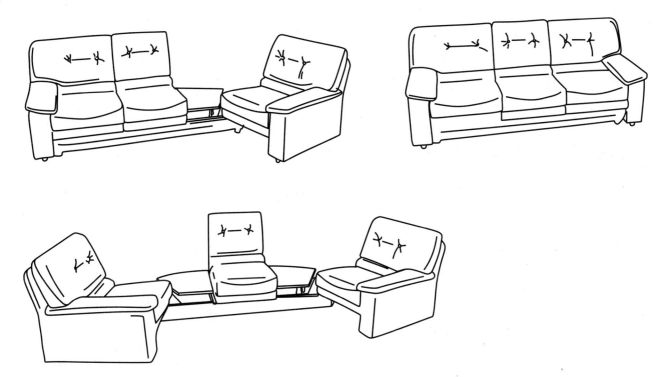

调向式多功能沙发（大阪国际装饰材料与家具展93银奖，曾获1994年台湾家具设计竞赛"优良设计奖"）

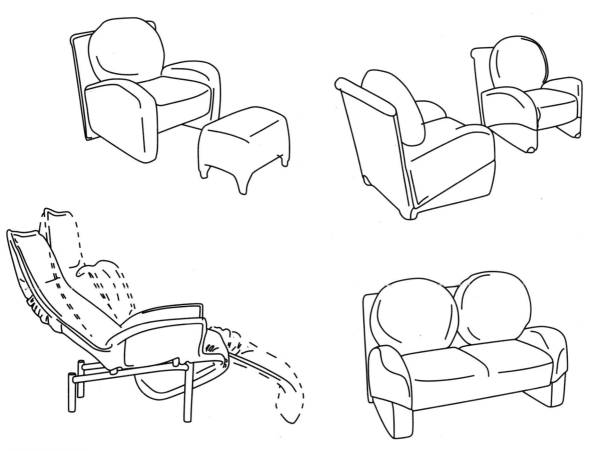

沙发（金罗盘奖）

西方家具 [3] 世界获奖作品

[3] 床类

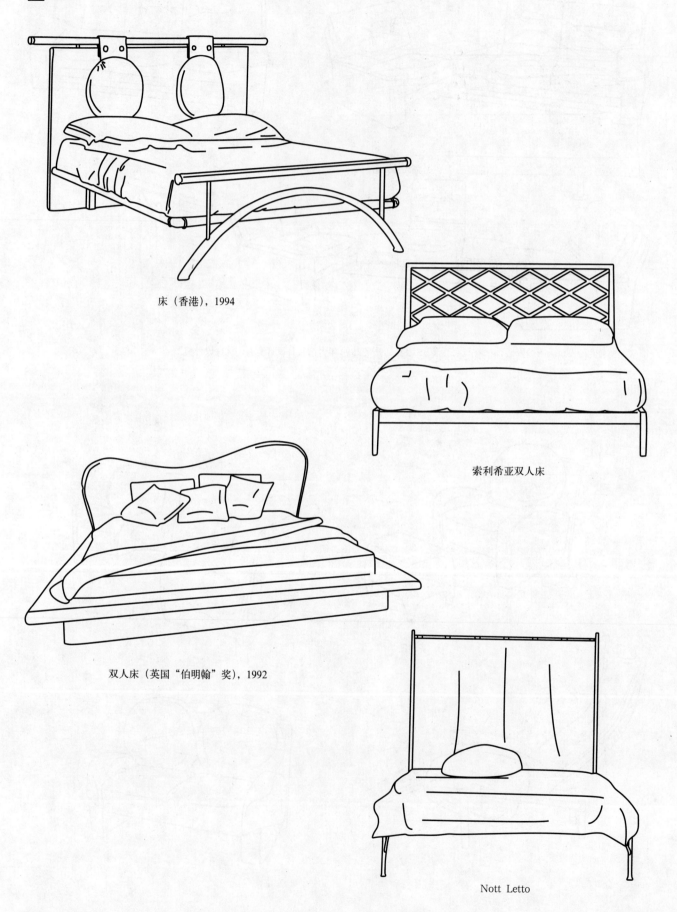

床（香港），1994

索利希亚双人床

双人床（英国"伯明翰"奖），1992

Nott Letto

世界获奖作品 [3] 西方家具

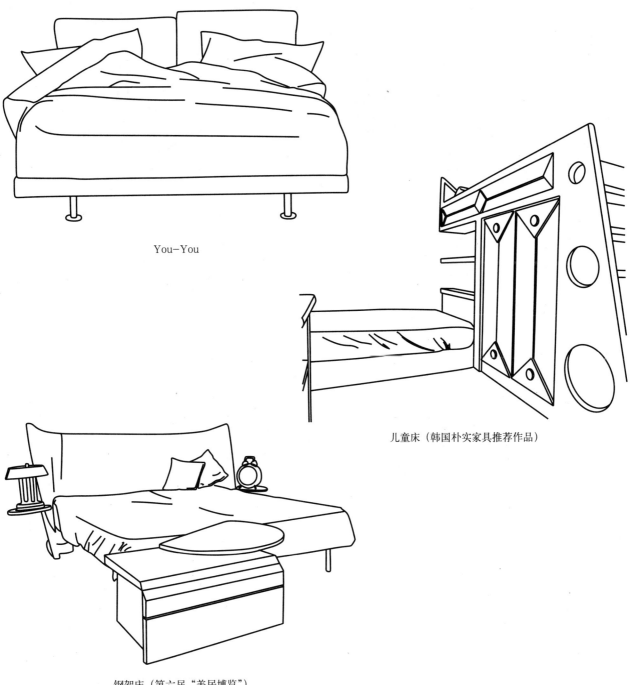

You-You

儿童床（韩国朴实家具推荐作品）

钢架床（第六届"美居博览"）

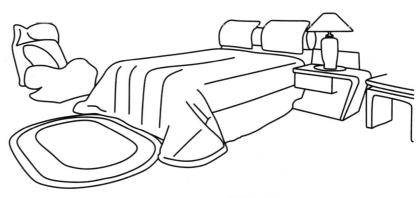

钢制双人床

133

西方家具 [3]　世界获奖作品

4 柜、架类

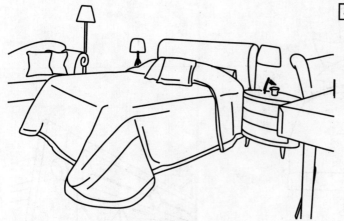

主卧室系列，蒋卫东

柜架（纸品家具）国际家具展览会特别大奖，1993

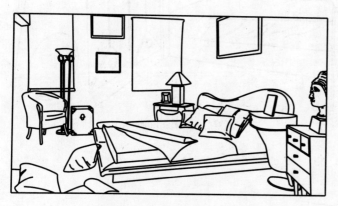

卧室系列，英国"伯明翰"奖，1992

Sesamo（1993年科隆国际家具展获奖展品）

男孩床，《装潢世界》94年"雅趣奖"

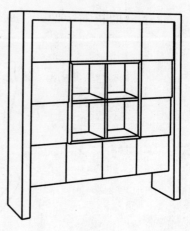

Madd

世界获奖作品 [3] 西方家具

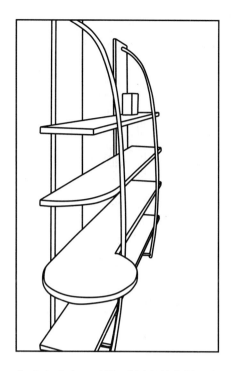

"Atlantis"（1993 科隆国际家具展获奖展品）

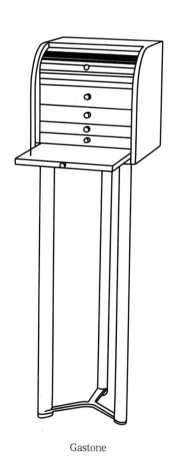

Gastone

Spagna（93 年科隆国际家具展获奖展品）

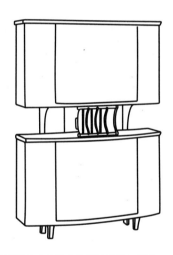

MIDWAY,2（米兰世界前卫艺术作品展 94 铜奖）

金属架（欧洲新个人主义作品展 93 获奖展品）

西方家具 [3]　世界获奖作品

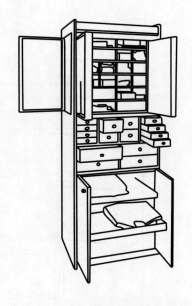

井井有条（卢布尔雅那设计双年奖 92 银奖）

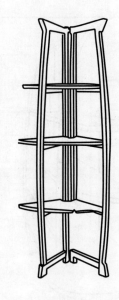

Kronos（1993 科隆国际家具展品）

乐谱屉面柜（欧洲新个人主义作品展 93 银奖）

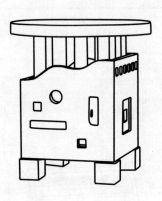

Dlympia（1993 年科隆国际家具展获奖展品）

Fred Baier（1965 英国伯明翰奖）

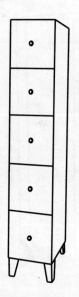

长柜（欧洲新个人主义作品展 93 "Di-mensions" 奖）

世界获奖作品 [3] 西方家具

铝合金装饰架（大阪国际装饰材料与家具展 93 获奖展品）

"Burgos"（1993 科隆国际家具展获奖展品）

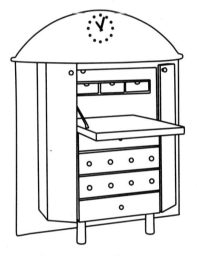

IL Sole （1993 年科隆国际家具展获奖展品）

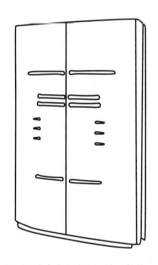

Miniforms 陈列柜（卢布尔雅那设计双年奖 92 参展作品）

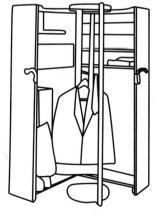

SAWAYA&MORONI

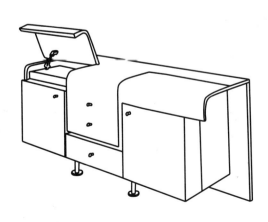

CONLLEY 柜（大阪国际装饰材料与家具展 93 获奖展品）

西方家具 [3]　世界获奖作品

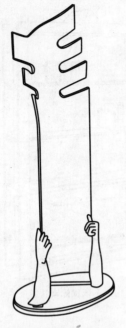

玻璃衣架（法国设计形象奖铜奖）

艺术家组合（米兰世界前卫艺术作品展94银奖）

5 综合类

柜子与Wink沙发椅（法国"艺术与生活"设计竞赛1993年二等奖）

门厅系列，"我的家"设计竞赛94（中国-广东）获奖作品

世界获奖作品 [3] 西方家具

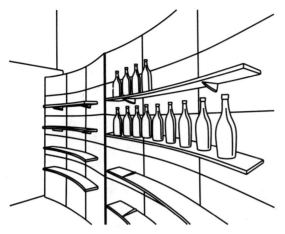

Libra 高级柜架组合（大阪国际装饰材料与家具展获奖展品）

小孩房（新加坡期刊《家》征集推荐的优秀小孩房作品）

Oitre L'orizzonte 衣柜组

小孩房（新加坡著名期刊《家》推荐的优秀小孩房作品）

小孩房（新加坡期刊《家》推荐的优秀小孩房作品）

男孩房（意大利大众家具"设计奖"）

西方家具 [3] 世界获奖作品

室内构成（日本大学生"室内构成"设计竞赛第五届获奖作品，1993）

[4] 灯具

概述

灯具能透光，并分配和改变光源及光分布的器具，包括除光源外所有用于固定和保护光源所需的全部零、部件，以及与电源连接所必需的线路辅件。

中国早期的灯具，类似陶制的盛食器"豆"。上盘下座，中间以柱相连，虽然形制比较简单，却奠立了中国油灯的基本造型。千百年发展下来，灯的功能也逐渐由最初单一的实用性变为实用和装饰性相结合。这些历代墓葬出土的精美灯具，以及宫中传世的作品，造型考究、装饰繁富，反映了当时主流社会的审美时尚。很多民间灯具也不乏情趣的设计。它们的做工一般都比较朴实，造型却往往有出奇之处，表现了普通大众的审美爱好和功用要求。

现代灯具包括家居照明、商业照明、工业照明、道路照明、景观照明、特种照明等。家居照明从电的诞生出现了最早的白炽灯泡，后来发展到荧光灯管，再到后来的节能灯、卤素灯、卤钨灯、气体放电灯和LED特殊材料的照明等，所有的照明灯具大多是在这些光源的发展下而发展，如从电灯座到荧光灯支架到目前的各类工艺灯饰等。

商业照明的光源也是在白炽灯基础上发展而来的，如卤素灯、金卤灯等，灯具主要有聚光和泛光两种，标牌、广告、特色橱窗和背景照明等都是不断地根据发展需求应运而生。

工业照明的光源是以气体放电灯、荧光灯为主，结合其他的灯具灯饰，如防水、防爆、防尘等要求来定制，但是工业照明是需要谨慎的，特别是在选择光源的光色和灯具上都有讲究，如服装制作的颜色、面料质地在不同的光源下所产生的效果是不一样的，灯具的选择主要考虑反射性、照度、维护系数等，而目前国内大多的企业还是不太重视，只有在一些外资企业可能会作个比较。

道路照明和景观照明的灯具选择是完全不一样的，不要以为只是照明就可以了，道路照明不能一味追求美观而忽视安全照度和透雾性，而景观照明灯具和光源的选择就要充分考虑节能和美观了，因为景观照明不需要那么高的照度，只要营造一个照明的特色就可以了。

吊灯

吊灯：所有垂吊下来的灯具都归入吊灯类别。

吊灯的种类繁多，常用的有欧式烛台吊灯、中式吊灯、水晶吊灯、羊皮纸吊灯、时尚吊灯、锥形罩花灯、尖扁罩花灯、束腰罩花灯、五叉圆球吊灯、玉兰罩花灯、橄榄吊灯等。用于居室的有单头吊灯和多头吊灯两种，前者多用于卧室、餐厅；后者宜装在客厅里。吊灯的安装高度，其最低点应离地面不小于2.2m。

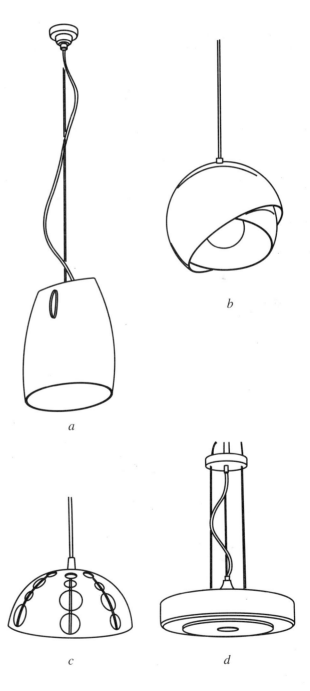

a

b

c

d

灯具 [4] 吊灯

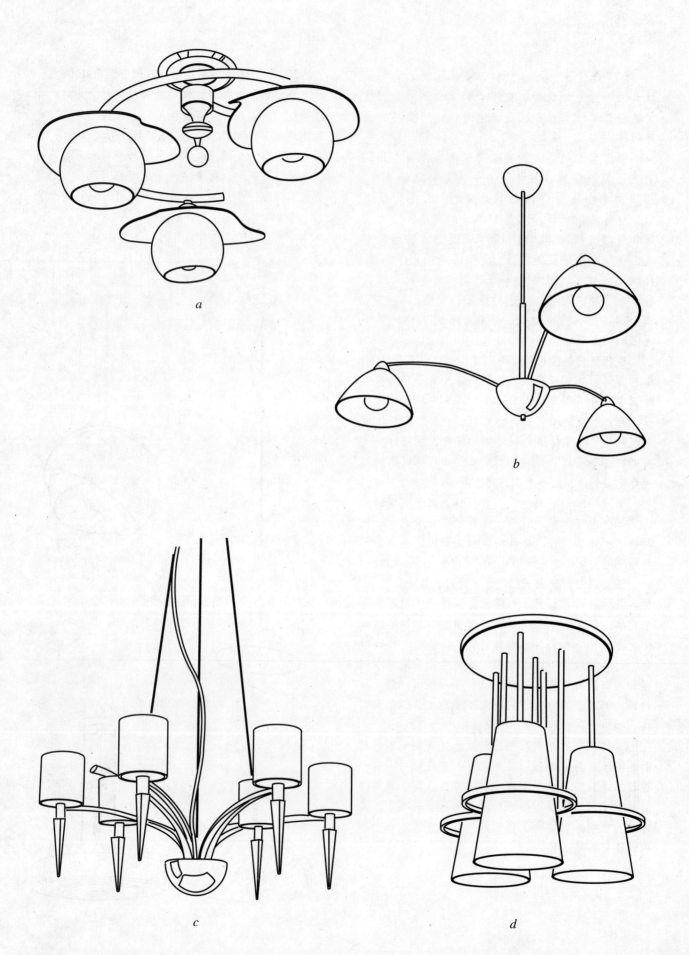

a

b

c

d

吊灯 [4] 灯具

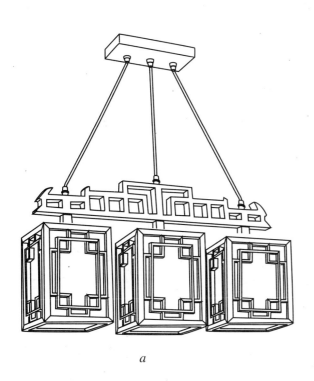

a

b

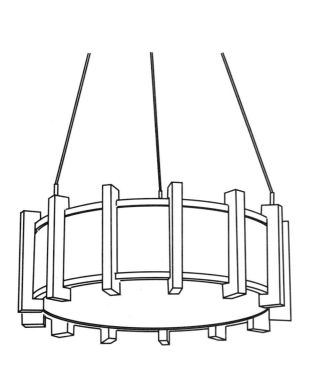

c

d

143

灯具 [4] 吊灯

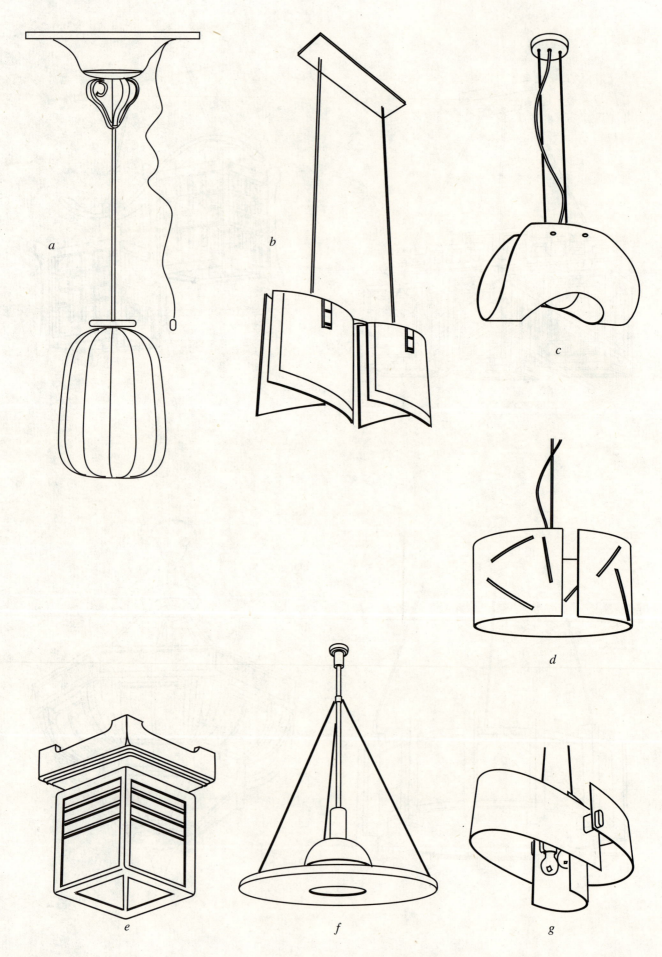

吸顶灯

一种灯具,安装在房间内部,由于灯具上部较平,紧靠屋顶安装,像是吸附在屋顶上,所以称为吸顶灯。光源有普通白灯泡、荧光灯、高强度气体放电灯、卤钨灯等。

吸顶灯常用的有方罩吸顶灯、圆球吸顶灯、尖扁圆吸顶灯、半圆球吸顶灯、半扁球吸顶灯、小长方罩吸顶灯等。吸顶灯适合于客厅、卧室、厨房、卫生间等处照明。吸顶灯可直接装在顶棚上,安装简易,款式简单大方,赋予空间明快的感觉。

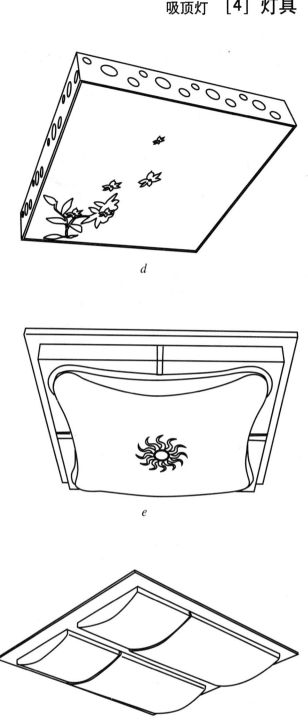

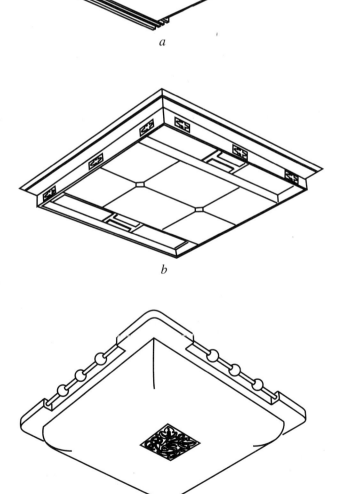

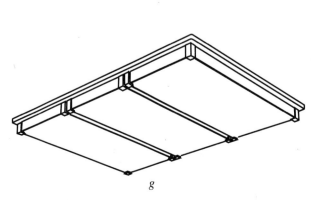

灯具 [4] 吸顶灯

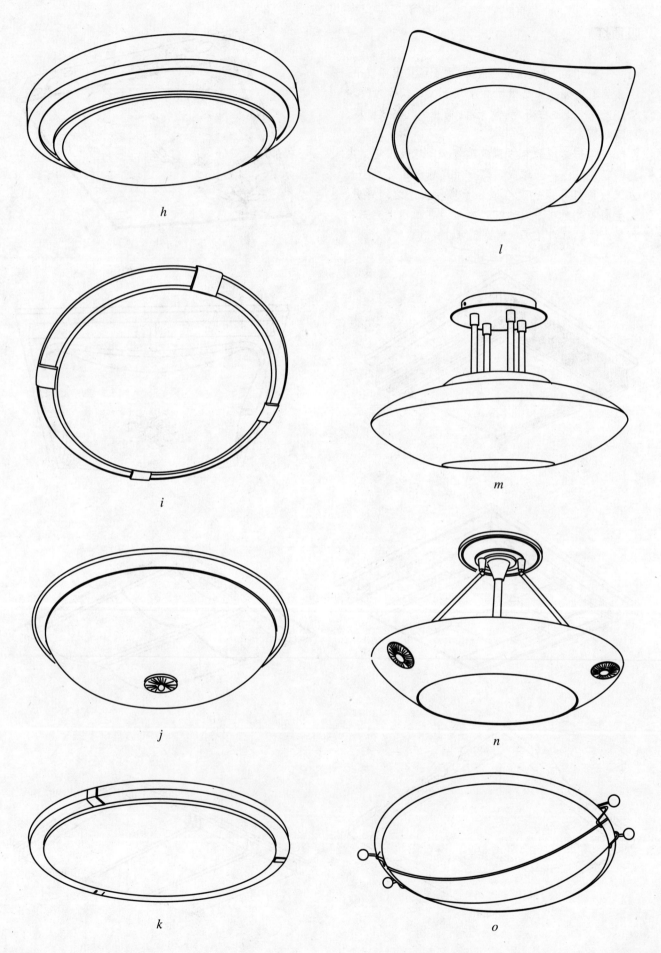

吸顶灯 [4] 灯具

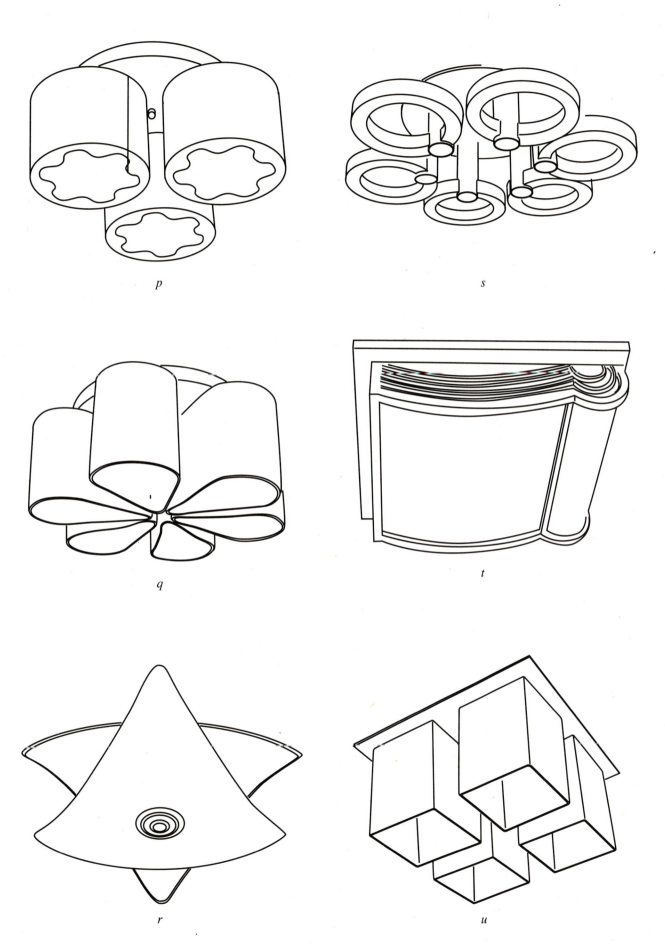

灯具 [4] 落地灯

落地灯

　　落地灯，一般布置在客厅和休息区域里，与沙发、茶几配合使用，以满足房间局部照明和点缀装饰家庭环境的需求。落地灯一般由灯罩、支架、底座三部分组成，其造型挺拔、优美。

　　落地灯常用作局部照明，不讲全面性，而强调移动的便利，对于角落气氛的营造十分实用。落地灯的采光方式若是直接向下投射，适合阅读等需要精神集中的活动，若是间接照明，可以调整整体的光线变化。落地灯的灯罩下边应离地面1.8m以上。

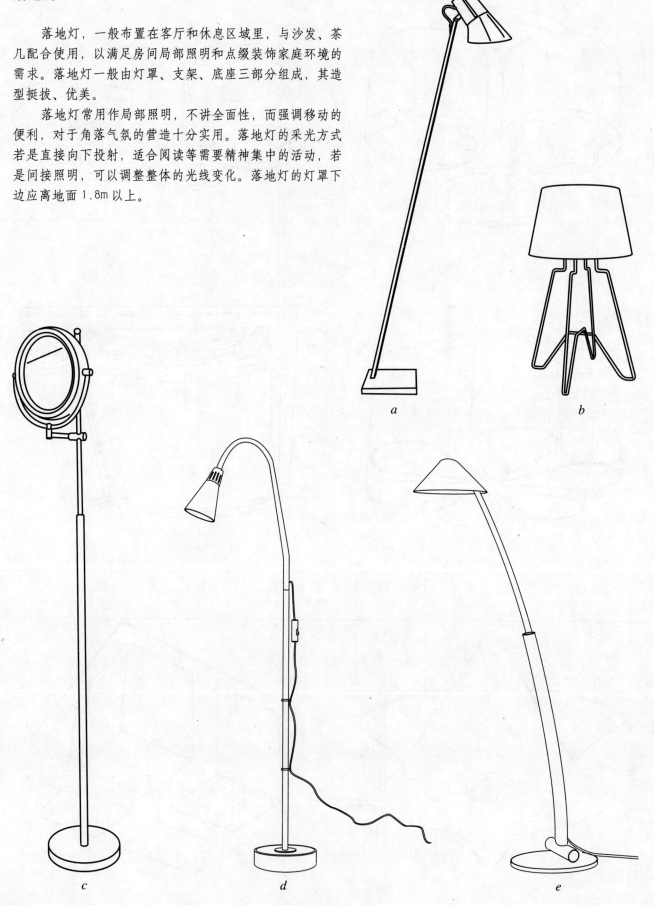

a　　　　　b

c　　　　　d　　　　　e

落地灯　[4] 灯具

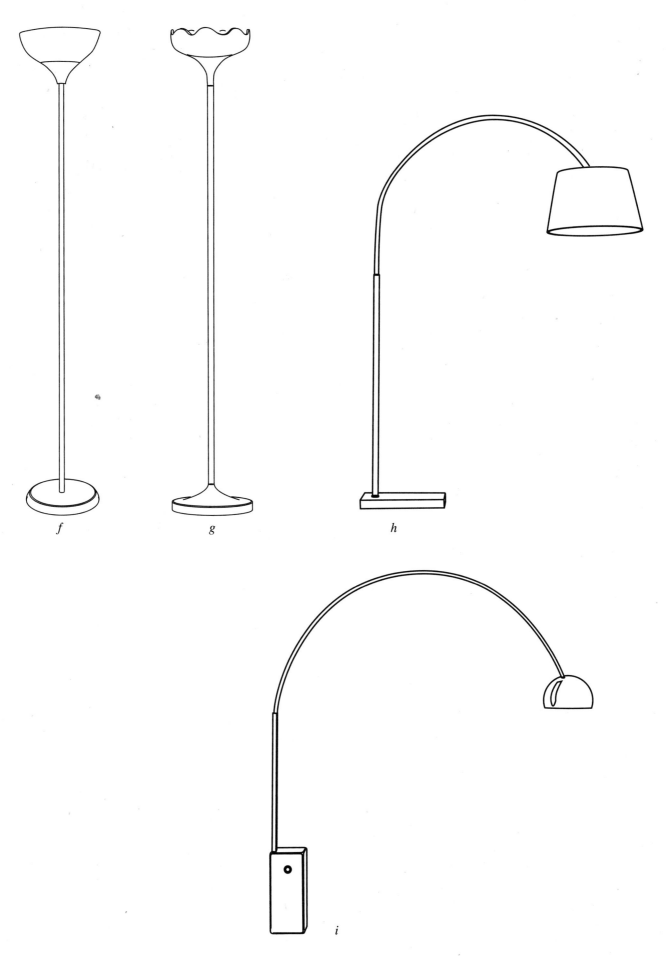

灯具 [4] 壁灯

壁灯

　　壁灯是室内装饰灯具。灯泡功率多在 15～40 瓦左右，光线淡雅和谐，可把环境点缀得优雅、富丽。一般适合于卧室、卫生间、楼道间、娱乐场所照明。常用的有双头玉兰壁灯、双头橄榄壁灯、双头鼓形壁灯、双头花边杯壁灯、玉柱壁灯、镜前壁灯等。壁灯的安装高度，其灯泡应离地面不小于 1.8m。

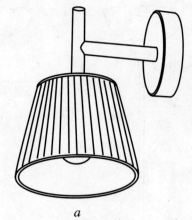

a

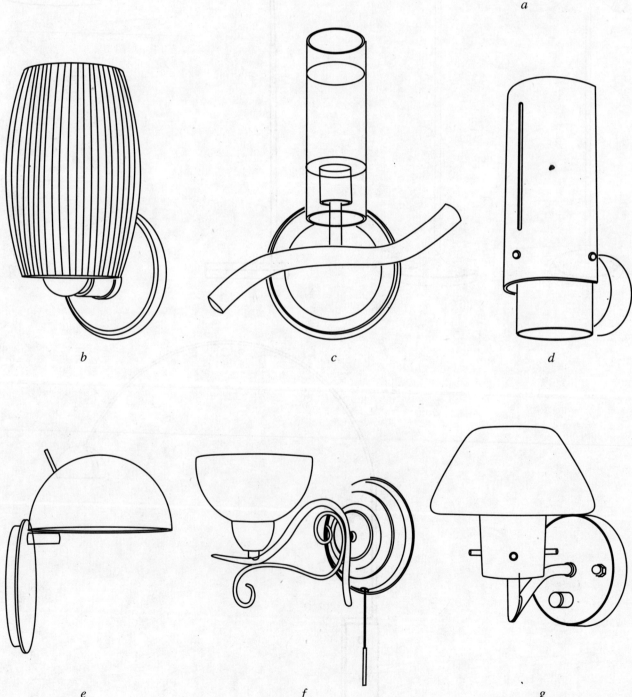

b　　　　　　　　　c　　　　　　　　　d

e　　　　　　　　　f　　　　　　　　　g

壁灯 [4] 灯具

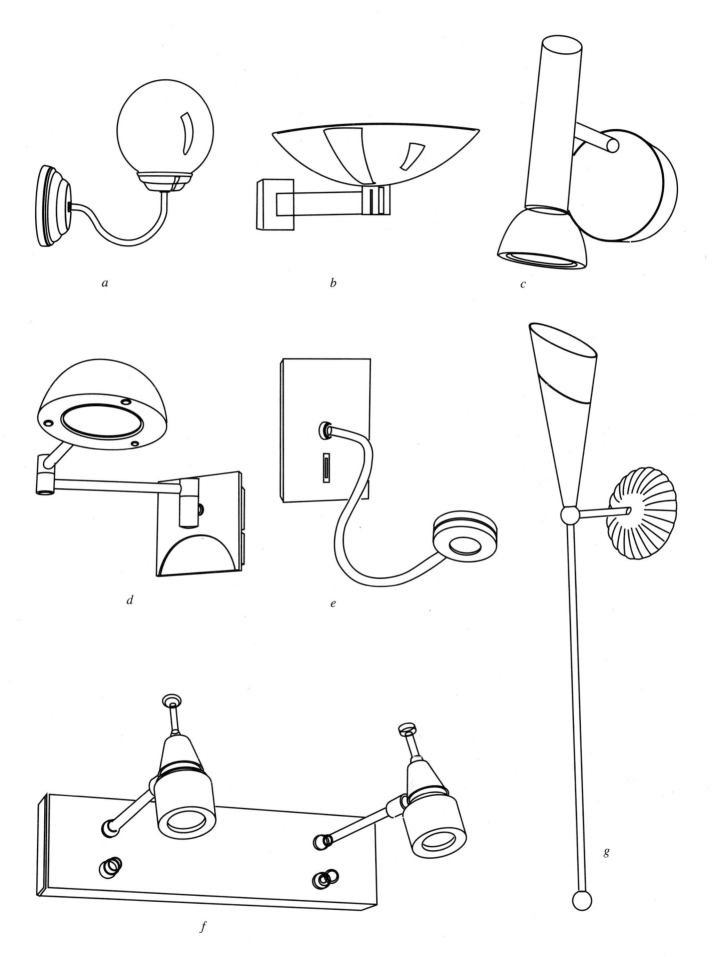

151

灯具 [4] 台灯

台灯

台灯是人们生活中用来照明的一种家用电器。它一般分为两种，一种是立柱式的，一种是有夹子的。它的工作原理主要是把灯光集中在一小块区域内，集中光线，便于工作、学习或装饰。一般台灯用的灯泡是白炽灯或节能灯泡。有的台灯还有应急功能，用于停电时无电照明以用来应急。

台灯，根据使用功能分类有：阅读台灯、装饰台灯。根据风格分类有：现代台灯、仿古台灯、欧式台灯、中式台灯。根据材质分类有：五金台灯、树脂台灯、玻璃台灯、水晶台灯、实木台灯、陶瓷台灯等。按光源分灯泡、插拔灯管、灯珠台灯等。

台灯 [4] 灯具

153

灯具 [4] 台灯

台灯 [4] 灯具

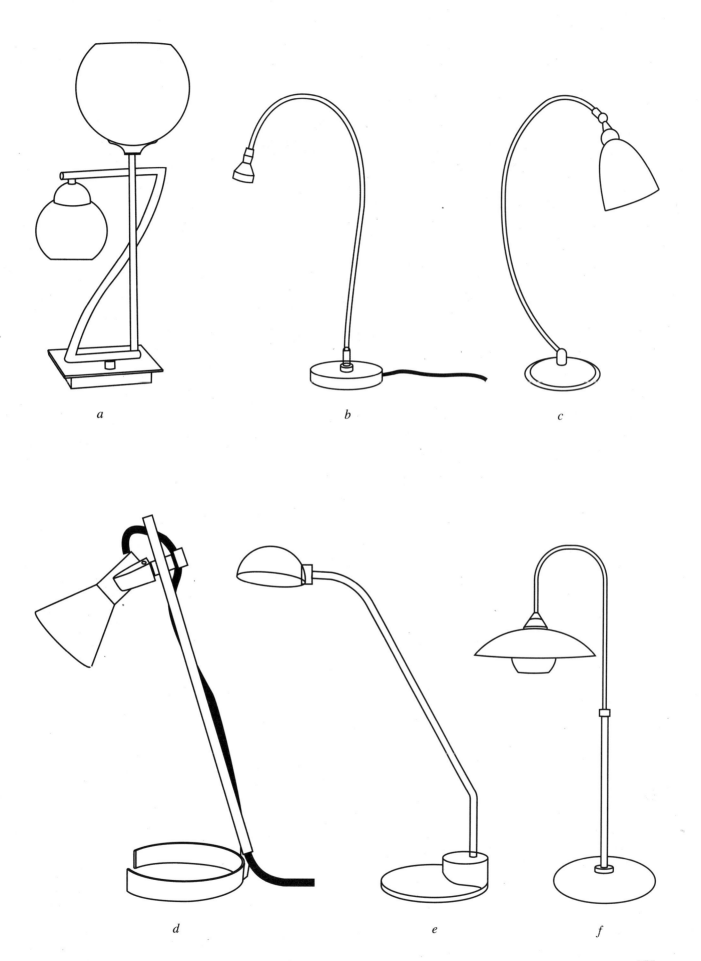

灯具 [4] 台灯

台灯 [4] 灯具

157

灯具 [4] 筒灯

筒灯

筒灯一般是有一个螺口灯头，可以直接装上白炽灯或节能灯的灯具。筒灯是一种嵌入到顶棚内光线下射的照明灯具。它的最大特点就是能保持建筑装饰的整体统一与完美，不会因为灯具的设置而破坏吊顶艺术的完美统一。

筒灯一般装设在卧室、客厅、卫生间的周边天棚上。这种嵌装于顶棚内部的隐置性灯具，所有光线都向下投射，属于直接配光。可以用不同的反射器、镜片、百叶窗、灯泡，来取得不同的光线效果。筒灯不占据空间，可增加空间的柔和气氛，如果想营造温馨的感觉，可试着装设多盏筒灯，减轻空间压迫感。

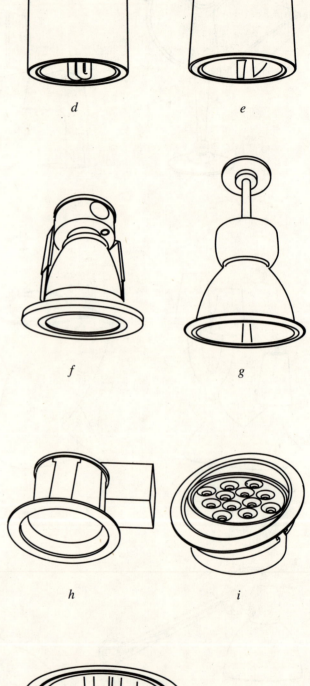

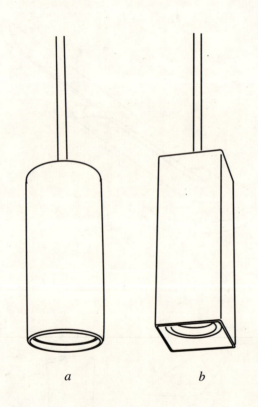

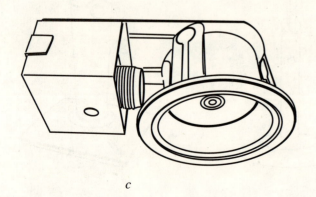

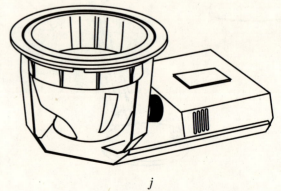

射灯

　　射灯采用散热性能好的金属材料制成，选用各色超高亮度LED灯，经测试、老化组合而成。

　　射灯分为：下照射灯、路轨射灯，其特点为：省电、聚光、舒服、变化多。射灯可安置在吊顶四周或家具上部，也可置于墙内、墙裙或踢脚线里。光线直接照射在需要强调的家具器物上，以突出主观审美作用，达到重点突出、环境独特、层次丰富、气氛浓郁、缤纷多彩的艺术效果。射灯光线柔和，雍容华贵，既可对整体照明起主导作用，又可局部采光，烘托气氛。

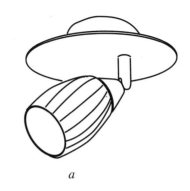

a

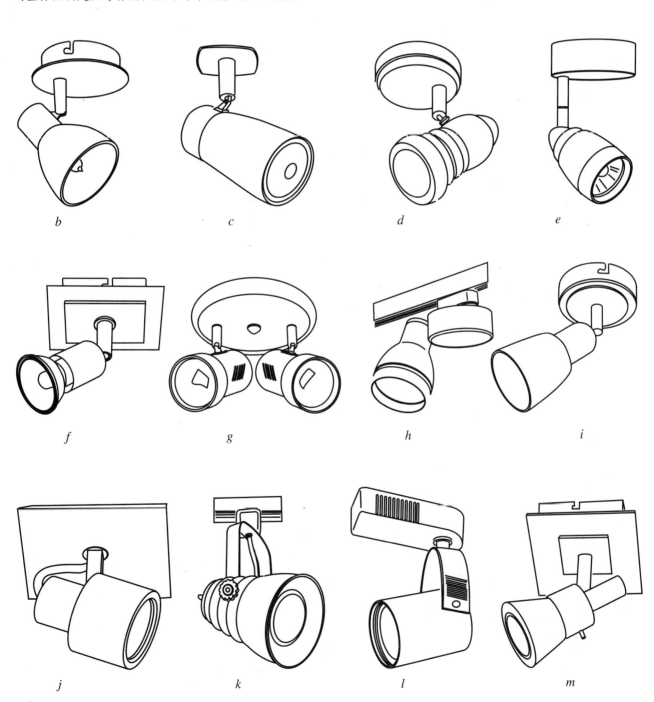

b　　　　*c*　　　　*d*　　　　*e*

f　　　　*g*　　　　*h*　　　　*i*

j　　　　*k*　　　　*l*　　　　*m*

灯具 [4] 射灯

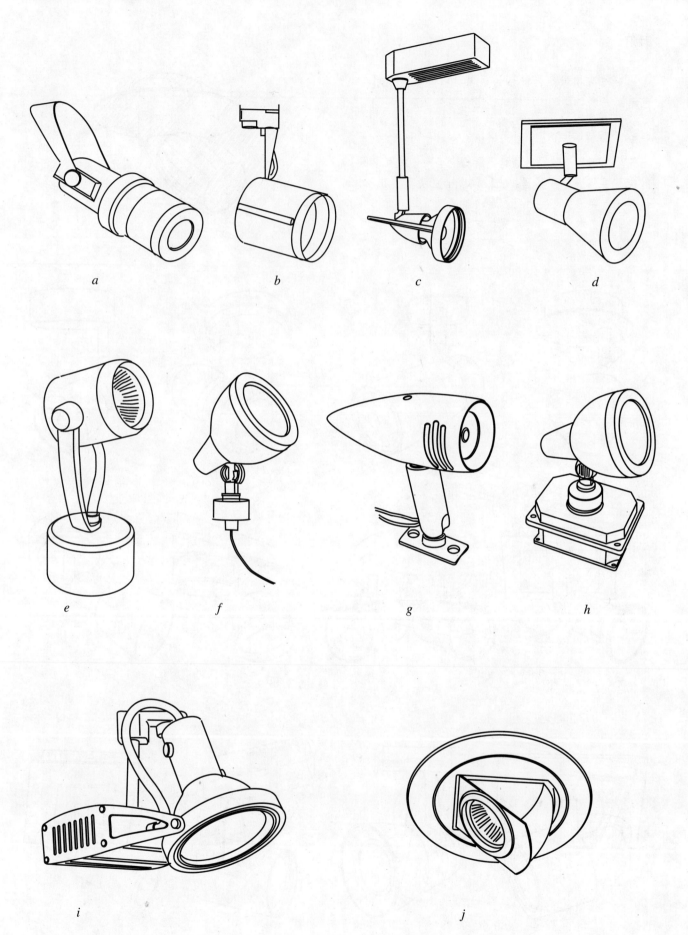

浴霸

浴霸原自英文"BATHROOMMASTER"可以直译为"浴室主人"。它是通过特制的防水红外线灯和换气扇的巧妙组合将浴室的取暖、红外线理疗、浴室换气、日常照明、装饰等多种功能结合于一体的浴用小家电产品。

目前,市场上销售的浴霸按其发热原理可分为以下三种:灯泡系列浴霸;PTC(一种陶瓷电热元件)系列浴霸;双暖流系列浴霸。

按取暖方式分灯泡红外线取暖浴霸和暖风机取暖浴霸,市场上主要是灯泡红外线取暖浴霸。按功能分有三合一浴霸和二合一浴霸,三合一浴霸有照明、取暖、排风功能;二合一浴霸只有照明、取暖功能。

按安装方式分暗装浴霸、明装浴霸、壁挂式浴霸。暗装浴霸比较隐蔽;明装浴霸直接装在顶上;一般不能采用暗装和明装浴霸的才选择壁挂式浴霸。

在市场中正规厂家出的浴霸一般要通过"标准全检"的"冷热交变性能试验",在4℃冰水下喷淋,经受瞬间冷热考验,再采用暖泡防爆玻璃,以确保沐浴中的绝对安全。

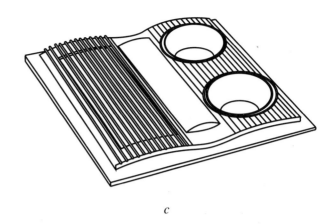

c

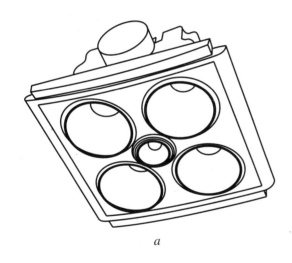

a

d

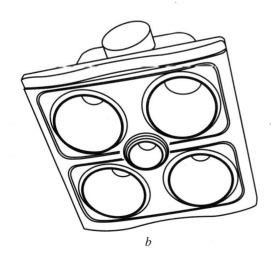

b

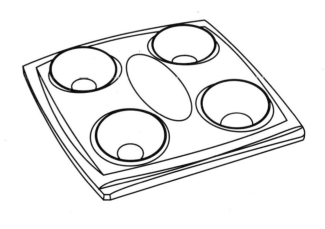

e

灯具 [4] 浴霸

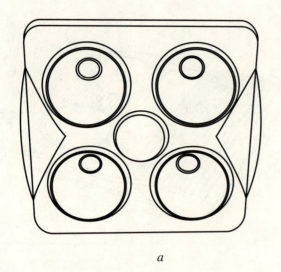

a

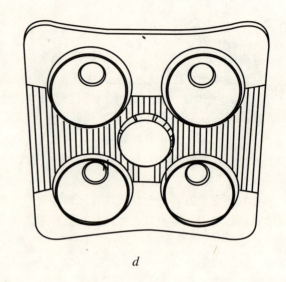

d

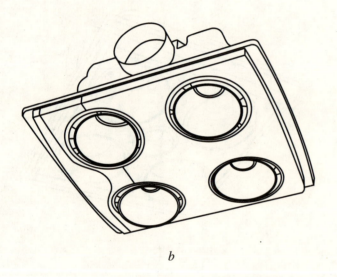

b

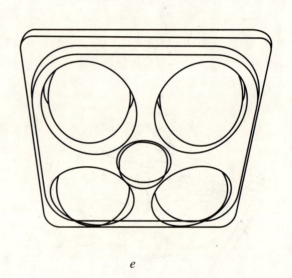

e

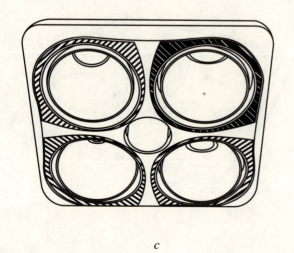

c

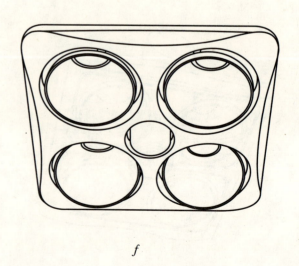

f

浴霸 [4] 灯具

163

灯具 [4] 浴霸

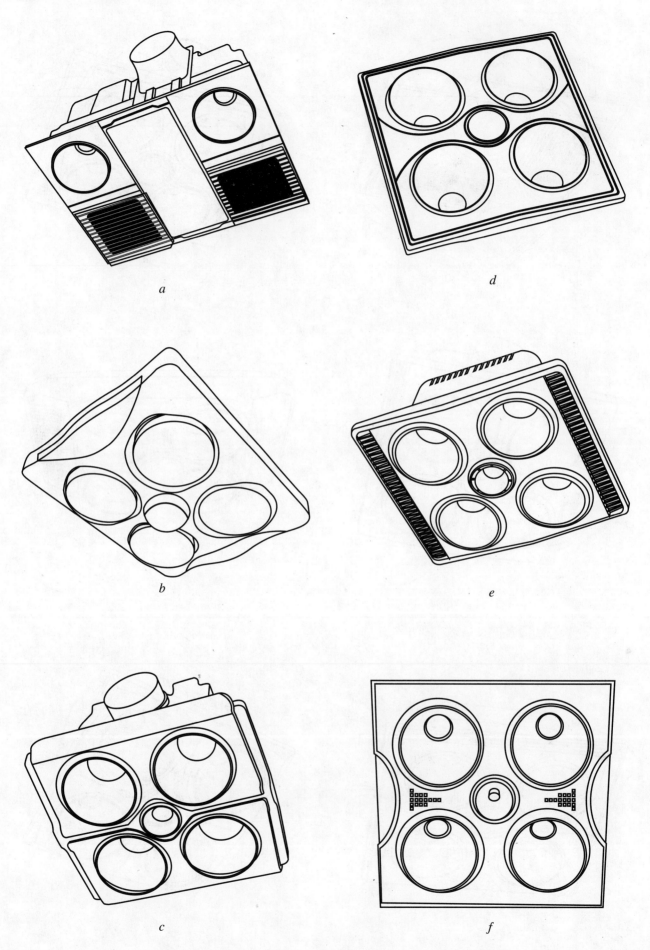

a b c d e f

浴霸 [4] 灯具

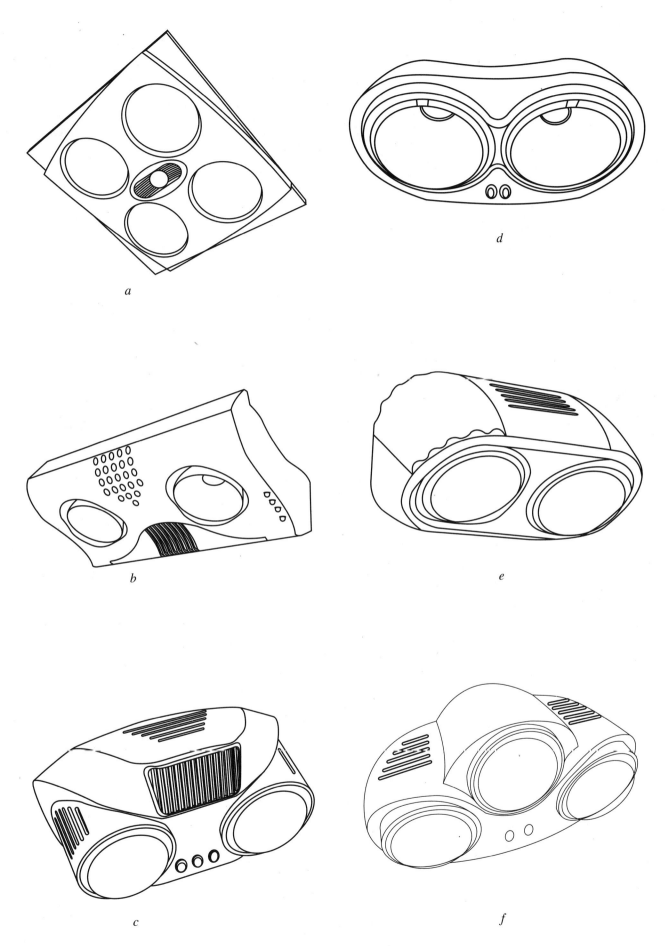

a

b

c

d

e

f

165

灯具 [4]　节能灯

节能灯

节能灯,又称为省电灯泡、电子灯泡、紧凑型荧光灯及一体式荧光灯,是指将荧光灯与镇流器(安定器)组合成一个整体的照明设备。

这种光源在达到同样光能输出的前提下,只需耗费普通白炽灯用电量的1/5至1/4,从而可以节约大量的照明电能和费用,因此被称为节能灯。节能灯可分为自镇流荧光灯(电子节能灯)和单端荧光灯(PL插拔式节能管灯)两大类。

节能灯有U型、螺旋型、花瓣型等,功率从3瓦到40瓦不等。不同型号、不同规格、不同产地的节能灯价格相差很大。一般家庭、办公所使用的筒灯、吊灯、吸顶灯等灯具中都可以安装节能灯,应用广泛。节能灯一般不适合在高温、高湿环境下使用,浴室和厨房应尽量避免使用节能灯。

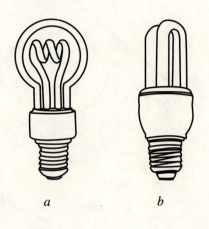

卫浴洁具概述

卫浴的概念

一般卫浴是指卫生间，一个用来洗浴的、卫生的空间，它给居住者提供洗浴、便溺、盥洗等日常卫生活动的空间。随着人类文明的发展，"方便"与"清洁身体"的生理需求一直贯穿的整个发展过程，今天使用"卫浴"来概括人类这个既古老又现代的基本生活需求。现代社会经济高速发展，人们生活水平不断提高，卫浴产品设计已经成为现代生活非常重要的一部分。

卫浴的发展过程，大致可以分为四个阶段。

第一个阶段是人类在大自然中以最原始的方式自行解决问题，那时人类绝大部分没有卫浴的概念；

第二个阶段是茅厕阶段，即人们必须远离居住场所，在公共场所集体解决问题；

第三个阶段是功能性阶段，卫浴设施进入家庭并结合成为一个功能单元，目前中国城市的大部分居室都处在这个阶段；

第四个阶段是新型的文化型的享受型阶段。从卫浴产品的发展趋势来看，中国的卫浴行业正进入享受型阶段，朝着健康、享受、休闲的趋势发展。

卫浴空间是最容易被忽视的室内空间，但它却是一个与人们生活休息接触最密切的空间。今天，健康生活方式成为人们生活所追求的主题，设计出舒适合理的卫浴产品，不仅能解决基本的生活需求，而且能够解决人们日常生活心理轻松状态的追求。同时，卫浴产品的设计作为卫浴空间的主角，受到了越来越多的关注。在社会、经济、科技和人文环境的日新月异发展的影响下，卫浴产品设计出现了一些新的发展趋势，诸多设计上的新价值值得我们进一步探索。

常见的卫浴洁具的分类

卫浴洁具通常分为以下五种

1. 洗面盆

主要有挂式，立柱式，台式。

挂式：俗称挂墙式。

立柱式：洗面盆下边的立柱遮住进出水管，起到装饰性作用。

台式：一般分为修边式台上盆和台下盆。台上盆是指直接安装在台面上，盆的修边同时具有装饰的功能。台下盆通常配合坚固的台面材料，比如花岗石、玻璃、人造大理石台面等，将它安装在台面下。

2. 马桶

常见马桶一般有直冲式、虹吸式和冲落式三种。

直冲式：由于冲水的噪声大、易反味，已经逐渐退出市场，防臭节水的虹吸式和冲落式已经成为市场的主流。

虹吸式：属于静音坐厕，利用重力及吸力完成清洁工作，不容易反味；它的内部结构是由两个S形管构成。

冲落式：下水管道比较宽，冲力比较大。

3. 浴盆

按人们洗浴方式可分为：坐浴、躺浴。

从功能角度可分为：泡澡浴缸、按摩浴缸。

如从材质上分则有压克力浴缸、铸铁浴缸、钢板浴缸等。

4. 冲淋房

通常冲淋房由门板和底盆组成。冲淋房的门板，从材料上分类有三种：PS板、FRP板、钢化玻璃。一般冲淋房面积较小，较适合淋浴。

5. 五金配件

包括龙头、玻璃托架、挂件、毛巾架、手纸盒、皂缸、浴帘、防雾镜，而且还包括配套的排气扇、浴霸、干手器等。

卫浴产品设计的一般原则

1. 卫浴产品的技术化、智能化设计

卫浴产品是一种满足人类生理、心理需求的物质形态，产品的品质核心就体现在设计的智能化技术上。卫浴产品的智能技术主要有先进性和全面性特征。

2. 卫浴产品舒适、绿色环保的设计

产品设计解决的是人与空间环境的整体系统的设计，要求设计出和谐的人机环境关系。卫浴产品设计的人性化考虑，更多地是针对于产品与人的操作环境问题。

3. 卫浴产品的设计主要考虑的因素有

(1) 人机尺度。卫浴产品直接作用于人体部分的形态与尺度应符合人机需求。

(2) 设计动作与心理认知。卫浴产品的结构和操作部件必须符合运动与心理认知规律的特点。

(3) 空间的使用范围。卫浴产品的使用需要注重卫浴设计中人机工程学的应用。

4. 卫浴产品的情感化设计

卫浴产品的情感化原则要求设计师遵循使用者

卫浴洁具 [5] 卫浴产品设计的一般原则·洗脸盆

在使用产品的时候的情感活动规律，把握其情感化的表达方式。设计师应该使产品在机能、材质、色彩、造型、装饰等各方面与使用者的心理认知及精神需求达到和谐一致。

5. 卫浴产品的休闲娱乐化设计

休闲娱乐化设计要求注重卫浴的休闲性、保健性和娱乐性。今天很多卫浴厂家都将自己冠名为"休闲卫浴有限公司"，足见卫浴的休闲时代已经到来。在市场上很多的浴缸，淋浴房都安装了电视，音响等娱乐设备，为人们的生活增添乐趣。

洗脸盆

洗面盆是人们日常生活中必不可少的卫生洁具产品。洗面盆一般使用最多的是陶瓷、搪瓷生铁、搪瓷钢板、水磨石等材质。现代建材行业不断发展，很多新材料不断涌入市场，比如玻璃钢、人造大理石、不锈钢、人造玛瑙等通常情况下要求洗面盆表面光滑、不透水、耐腐蚀、耐冷热，易于清洗和经久耐用等。釉面光洁，没有针眼、气泡、脱釉、光泽不匀等现象的洗面盆都属于高品质的洗面盆。劣质的洗面盆可能会有砂眼、气泡、缺釉，甚至有轻度变形的现象。

洗脸盆的种类一般有以下几个：

1. 角型洗脸盆：角型洗脸盆安装在空间一角，一般适用于较小的卫生间，节省利用空间。

2. 普通洗脸盆：一般适用于装饰的卫生间，经济实用，但不美观。

3. 立式洗脸盆：适用于普通大小的卫生间。能与室内高档装饰及其他豪华型卫生洁具相协调。

4. 沿台式洗脸盆和无沿台式洗脸盆：适用于较大空间而且装饰较高档的卫生间，一般台面材料可采用大理石或花岗石。

洗脸盆一般开有三种孔：进水孔、防溢孔和排水孔。如果要将水放满洗脸盆，必须将排水孔堵起来，排水孔一般都附有专用的塞子，有的塞子可直接拿开或关上，有的则用水龙头上附带的拉压杆控制。根据洗脸盆上所开进水孔的多少，洗脸盆又有无孔、单孔和三孔之分。无孔的洗脸盆其水龙头应安装在台面上，或安装在洗脸盆后的墙面上；单孔洗脸盆的冷、热水管通过一只孔接在单柄水龙头上，水龙头底部带有丝口，用螺母固定在这只孔上；三孔洗脸盆可配单柄冷热水龙头或双柄冷热水龙头，冷、热水管分别通过两边所留的孔眼接在水龙头的两端，水龙头也用螺母旋紧与洗脸盆固定。

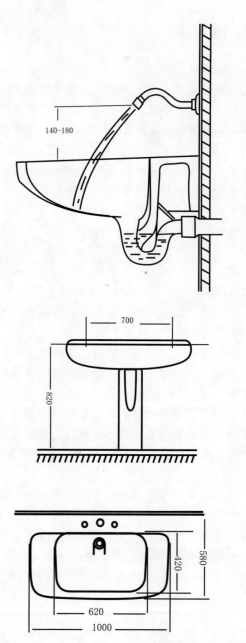

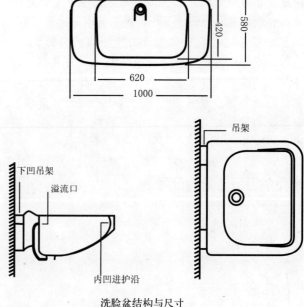

洗脸盆结构与尺寸

洗脸盆 [5] 卫浴洁具

1 洗脸盆样式

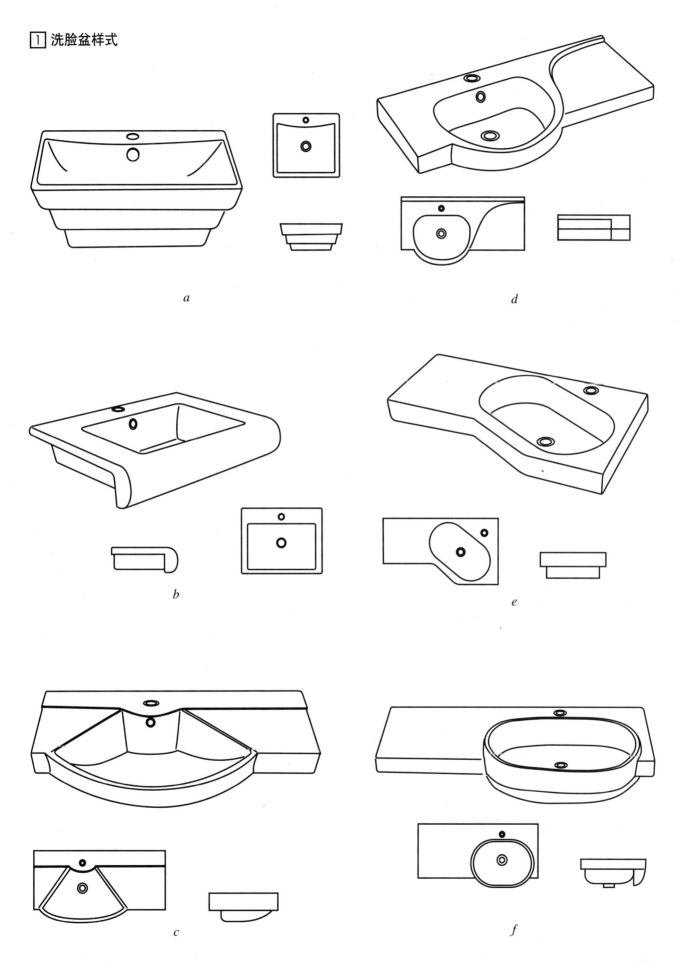

a

b

c

d

e

f

169

卫浴洁具 [5]　洗脸盆

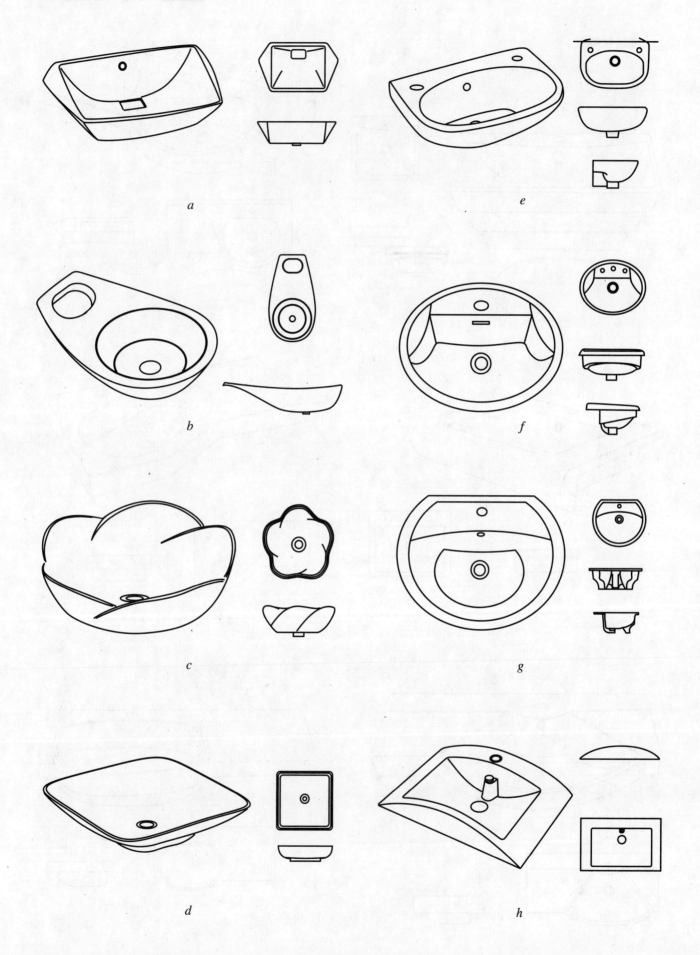

a　　b　　c　　d　　e　　f　　g　　h

洗脸盆 [5] 卫浴洁具

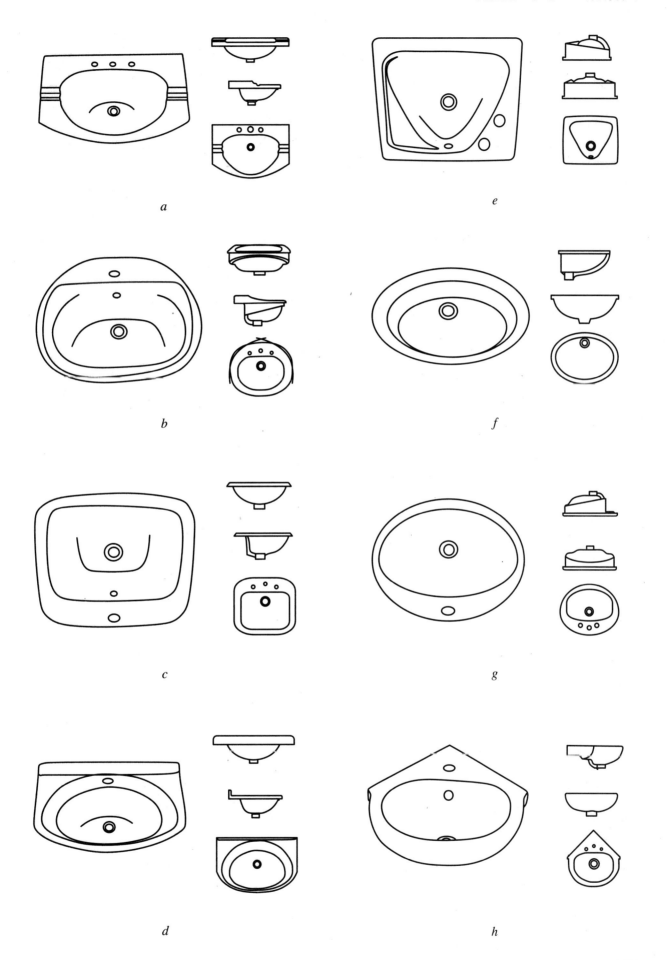

a b c d e f g h

171

卫浴洁具 [5]　洗脸盆

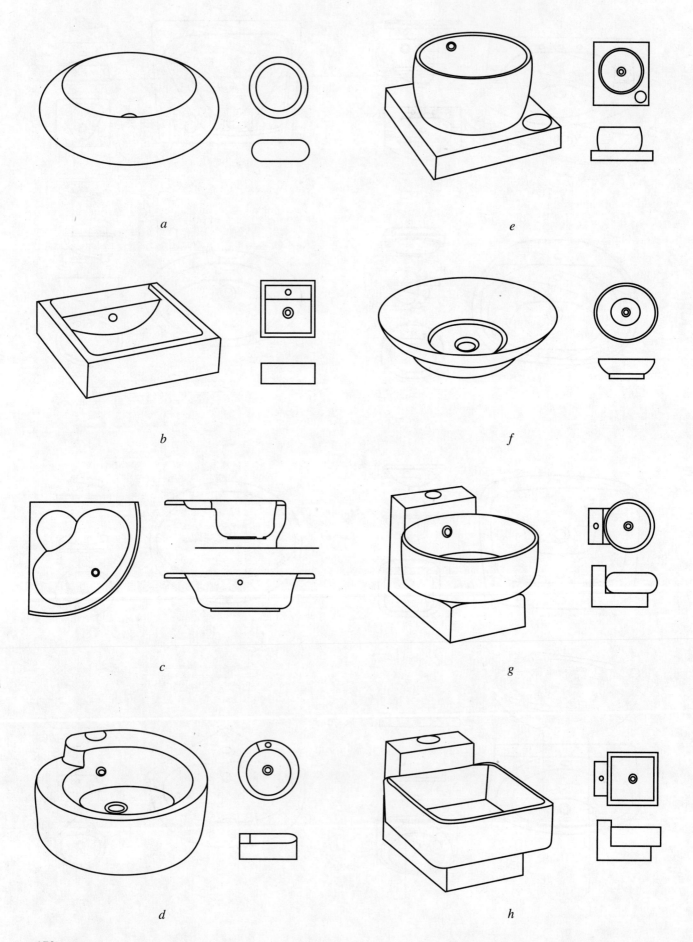

172

洗脸盆 [5] 卫浴洁具

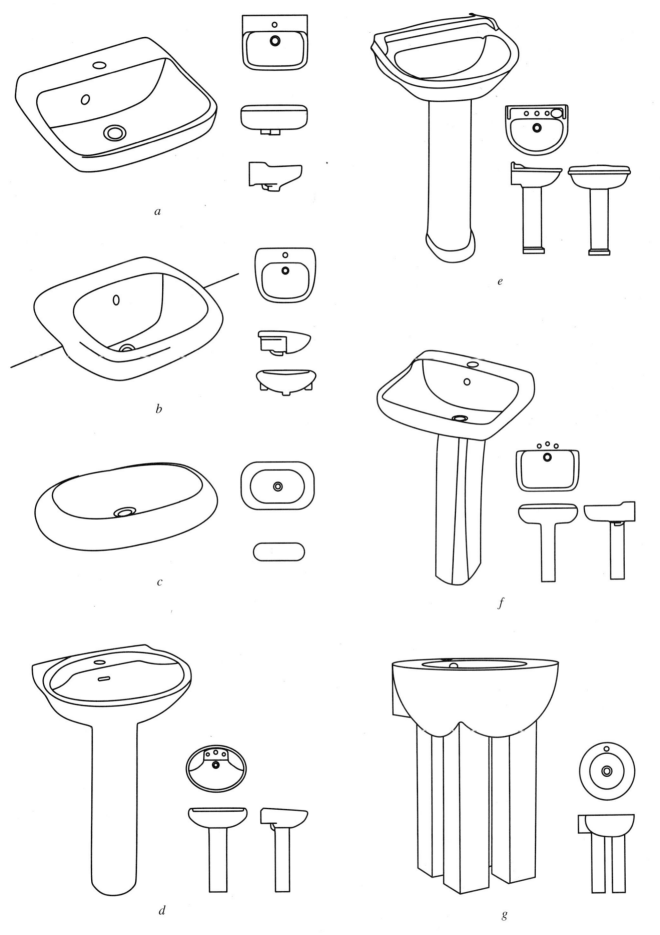

a

b

c

d

e

f

g

173

卫浴洁具 [5] 洗脸盆

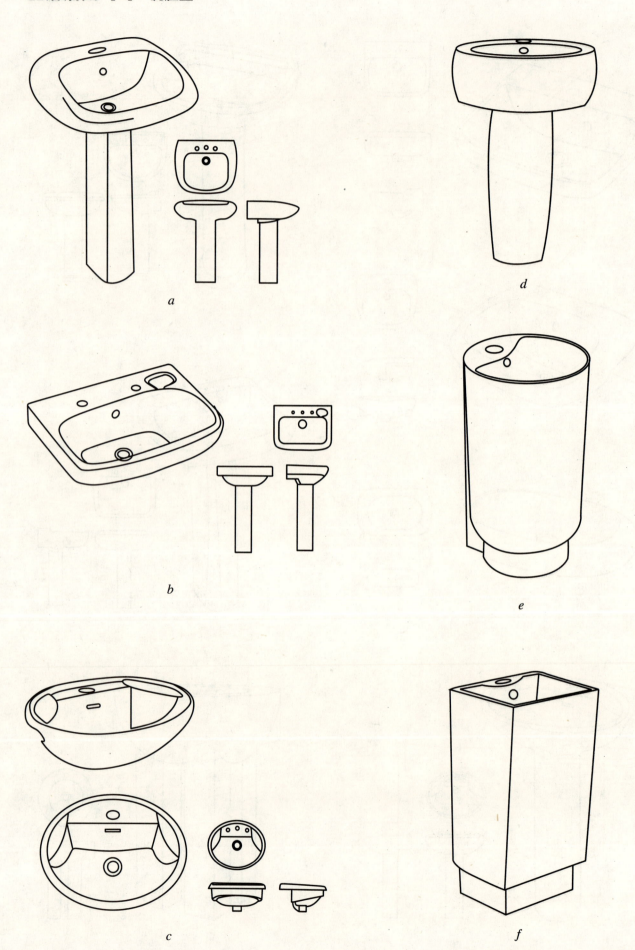

a

b

c

d

e

f

洗脸盆 [5] 卫浴洁具

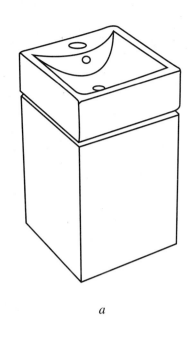
a

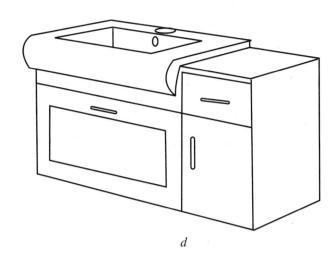
d

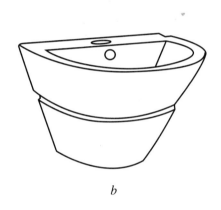
b

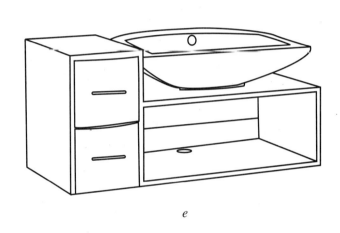
e

2 柜式洗脸盆

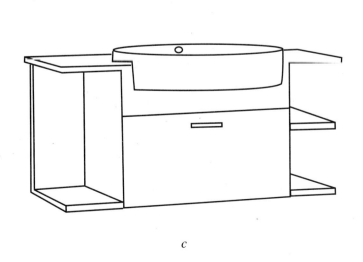
c

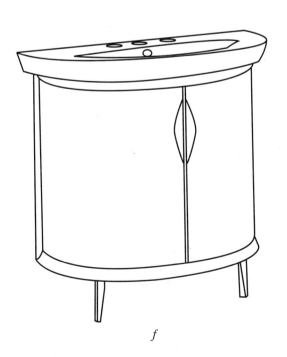
f

卫浴洁具 [5] 洗脸盆

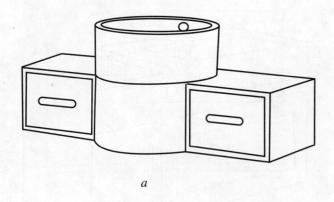

a

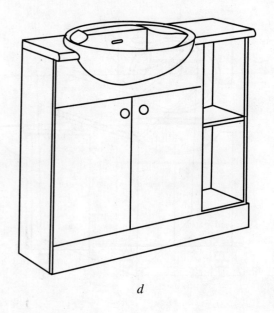

d

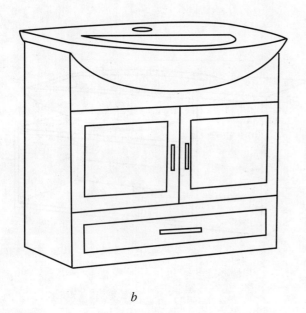

b

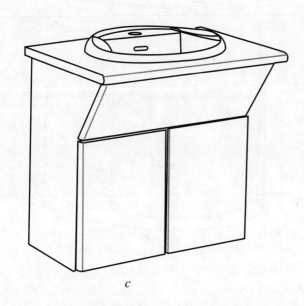

c

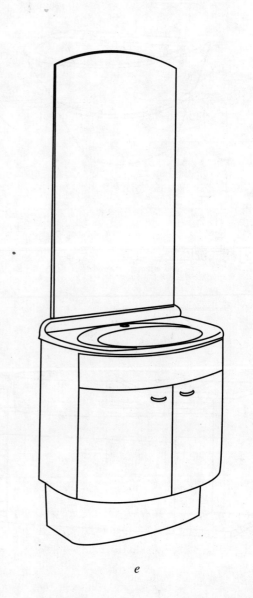

e

洗脸盆 [5] 卫浴洁具

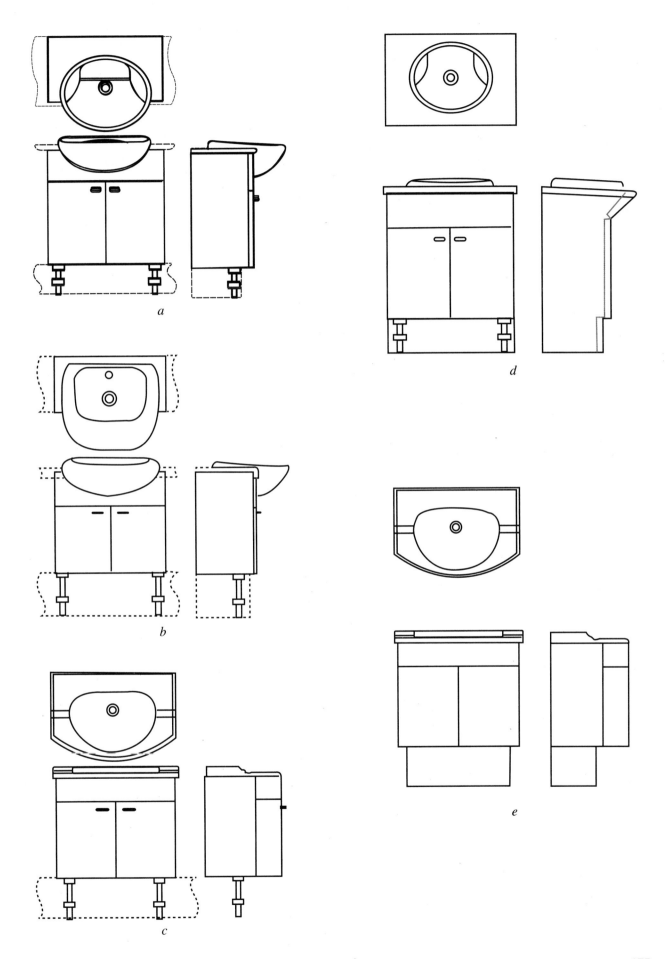

177

卫浴洁具 [5] 浴缸

浴缸

浴缸是一种水管装置，供淋浴或沐浴之用，通常设计安装在家居浴室内。浴缸的颜色除了最常见的白色以外，还有粉色等其他多种色调选择。大部分浴缸底部都有去水位，或者在浴缸上部设置防满泻的去水位，另外一些则把水喉安装在浴缸的边缘部位。

1 浴缸的样式

浴缸的造型大多为长方形，近年来亚克力加热制浴缸的工艺渐渐普及，于是市面上出现了很多不同造型的浴缸。这些都给洗浴者带来了诸多便捷。

有一些模制浴缸，可以将周围的用品处理成一个系统，将座椅设计成浴缸的一部分。另外，有些浴缸会有内置梯子，座椅向外翻转，方便用户进入浴缸，或者将座椅向下或者向内翻转，不仅可以节约空间，同时又可以增加使用者在使用浴缸时的舒适度。

2 浴缸的种类

西方老式浴缸通常使用经过防锈处理的钢或铁生产制造，日本式传统风吕（浴缸）是以木为材料制造。今天市场上的浴缸基本使用亚克力或玻璃纤维制造为主，亦有以包上陶瓷的钢铁，甚至木材制造。

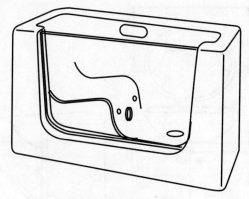

b 凸起底面和翻转前板的浴缸

1. 铸铁浴缸：此种浴缸由铸铁制造，其表面覆的搪瓷普遍比钢浴缸上的薄，一般情况下，清洁此种浴缸时不能使用含有研磨成分的清洁剂。铸铁浴缸非常重，安装步骤相对比较复杂，温水在里面很容易变凉；但是铸铁浴缸经久耐用，表面不易磨损并且不挂脏，强度和保温性比亚克力缸差。铸铁浴缸的颜色及造型受工艺限制，所以一般铸铁浴缸的设计都比较简单。

2. 亚克力浴缸：此类浴缸是由人造有机材料制造，造型设计多种多样，很多浴缸内部都设计成为符合人体曲线的造型；亚克力浴缸不会生锈和被侵蚀，而且比铸铁浴缸轻，这种浴缸由一层薄片质料制成，下面通常以真空方法处理而成，一般厚度为3mm～10mm，优点是保温效果较好，而且容易抹拭清洁干净；价格比铸铁浴缸便宜，但是亚克力浴缸的表面容易被硬物损坏。

3 浴缸在设计中都要考虑下列这些通用设计原则

1. 设置转换平台和扶手来增加用户的使用安全系数。
2. 浴缸表面应采用或增加防滑处理。
3. 保证遥控器的方便使用。
4. 减少浴缸内突出物的数量，尽量避免用户使用时造成伤害。

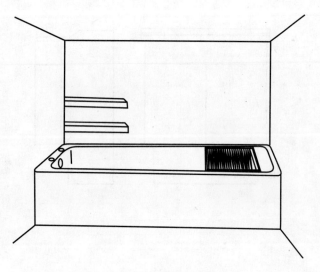

a 向下折叠式座椅的浴缸

浴缸 [5] 卫浴洁具

4 使用者躺在浴缸中的情况

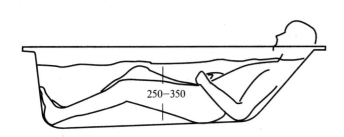
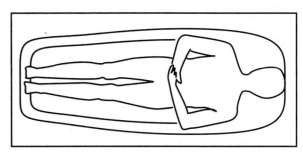

5 浴缸的基本形式

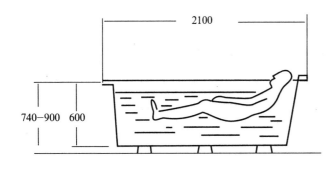
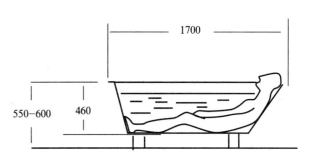
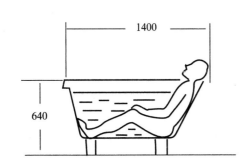
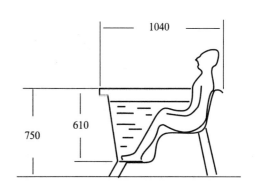

179

卫浴洁具 [5] 浴缸

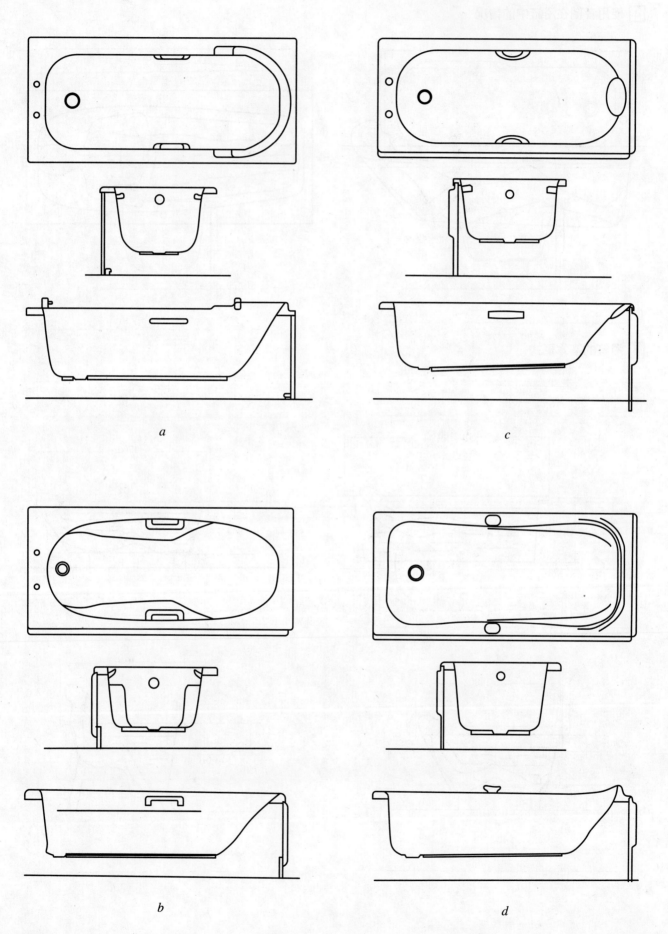

a

b

c

d

浴缸 [5] 卫浴洁具

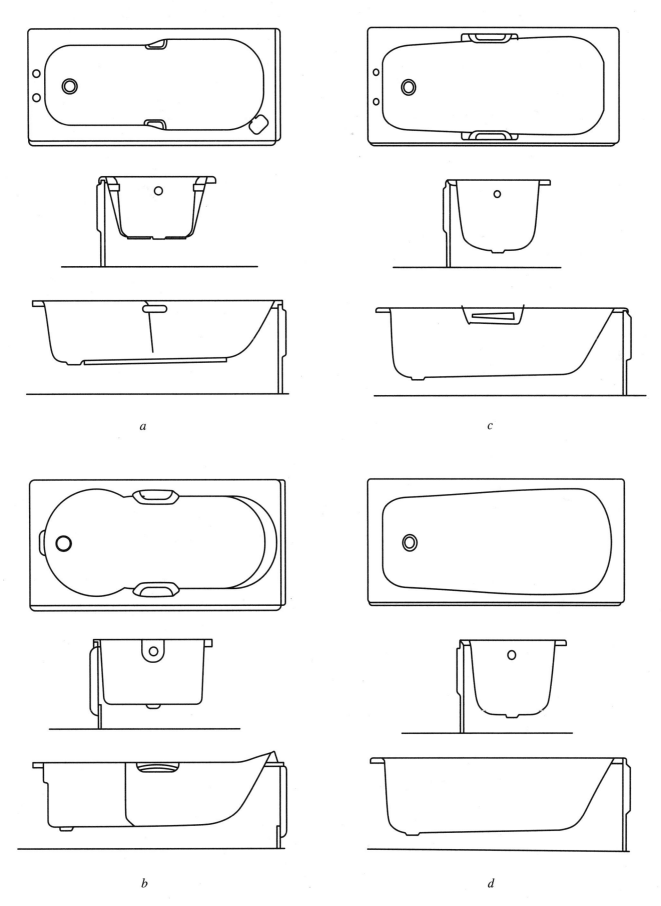

a

b

c

d

181

卫浴洁具 [5] 浴缸

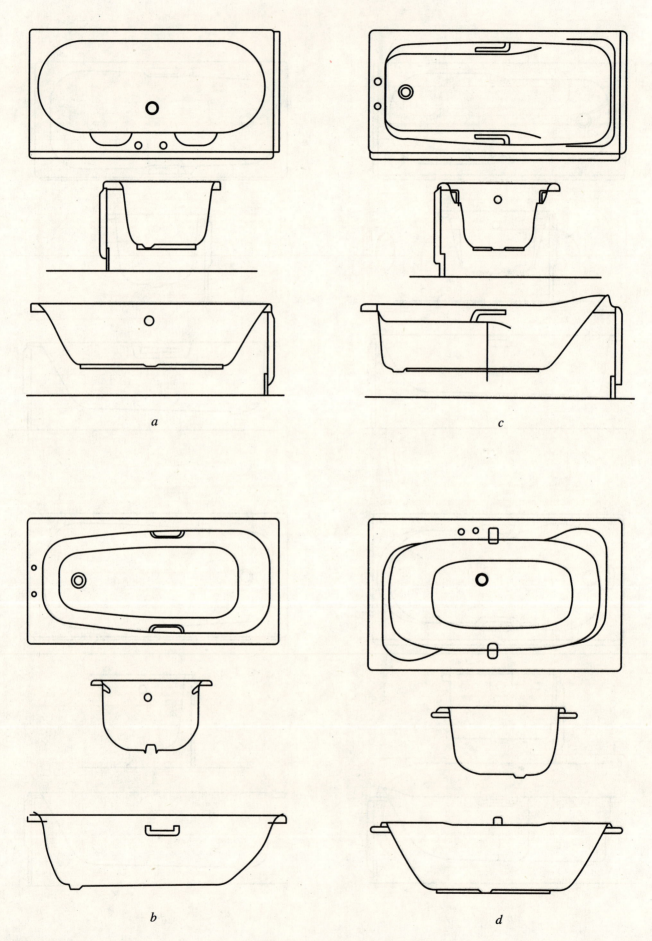

a

b

c

d

浴缸 [5] 卫浴洁具

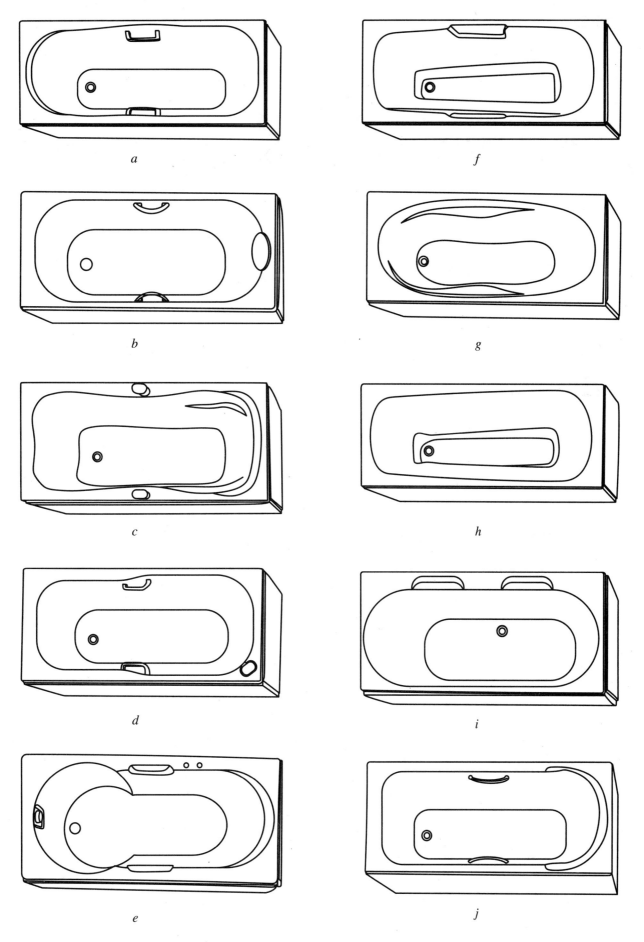

183

卫浴洁具 [5] 按摩浴缸

按摩浴缸

按摩浴缸，它包括缸体，缸体上设有缸边，缸边上有花洒和开关，缸体为圆形或其他形状，在缸体内设有冲浪喷头。缸体部分的材料多为钢材或亚克力；而按摩系统由缸内看得见的喷头与浴缸后面隐藏着的管道、电机、控制盒等组成。

按摩浴缸具有浴洗方便、按摩效果好的特点，是一种适合家庭、宾馆等地方使用的卫浴洁具。

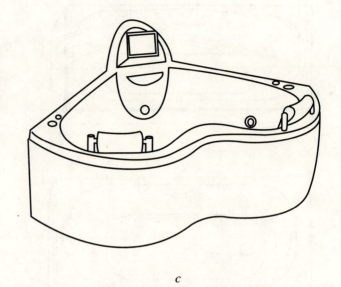

c

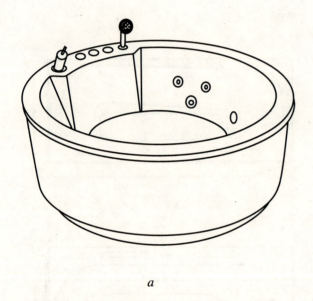

a

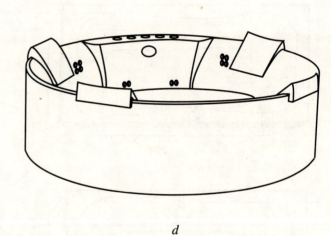

d

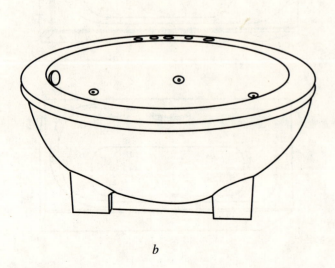

b

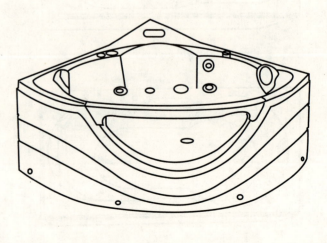

e

按摩浴缸 [5] 卫浴洁具

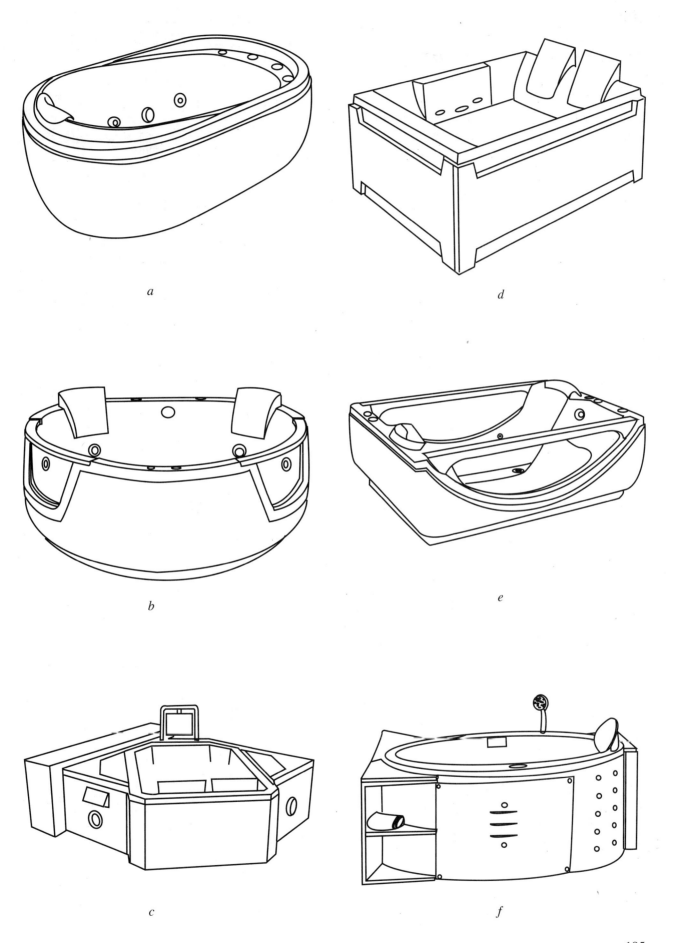

a

d

b

e

c

f

卫浴洁具 [5] 淋浴房

淋浴房

淋浴房按功能分为整体淋浴房和简易淋浴房；按款式分转角型淋浴房、一字形浴屏、圆弧形淋浴房、浴缸上浴屏等；按底盘的形状分方形、全圆形、扇形、钻石形淋浴房等；按门结构分移门、折叠门、开门淋浴房等。

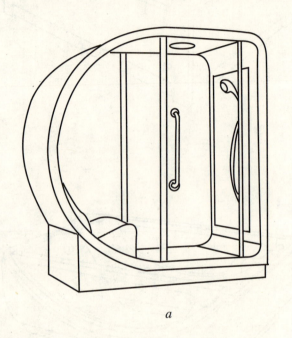

a

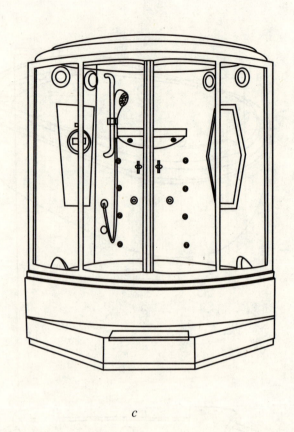

c

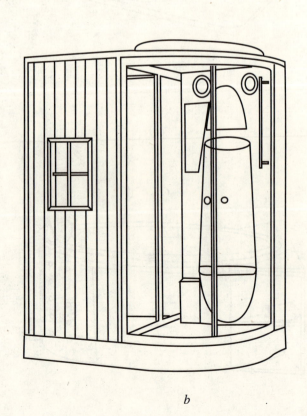

b

d

淋浴房 [5] 卫浴洁具

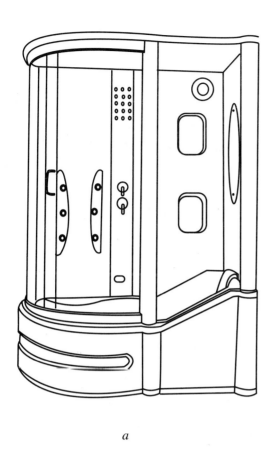

a

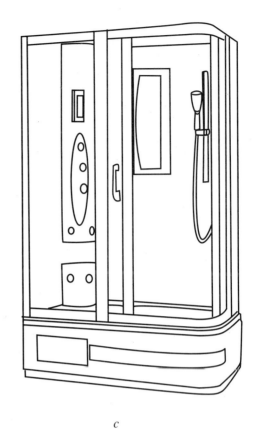

c

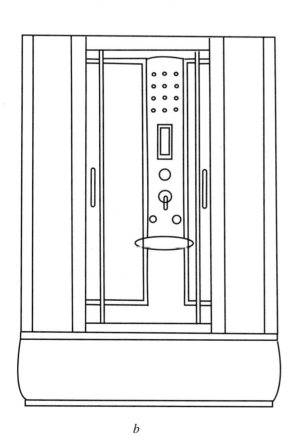

b

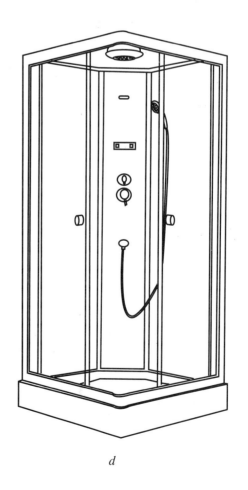

d

卫浴洁具 [5] 淋浴房

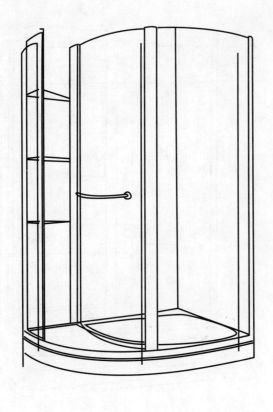

a

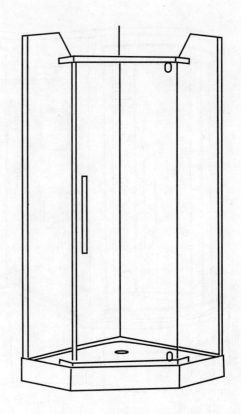

c

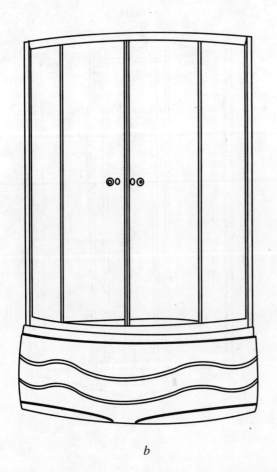

b

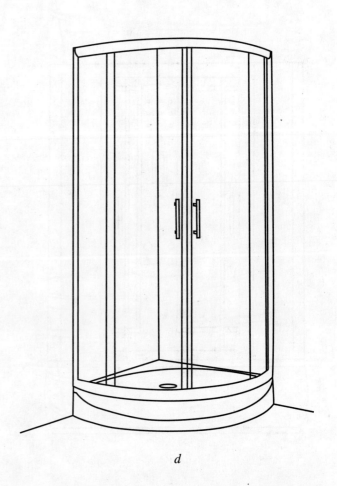

d

木桶

木质浴桶与浴缸不同，它采用椭圆形的深型设计，占地面积小，无须安装，可以一步到位，这也是木浴桶能够被更多人采用的原因之一。而且可以根据使用者的不同年龄、不同身材来选择不同造型的浴桶。目前市场销售的实木浴桶主要有云杉、香柏木、橡木三种。

c

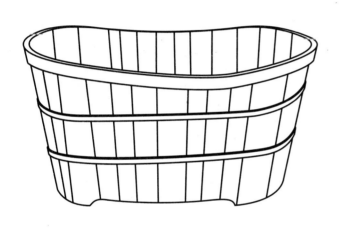

a

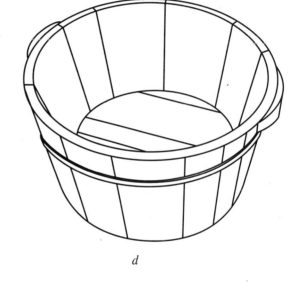

d

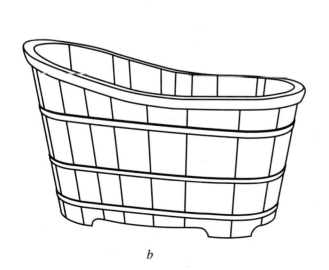

b

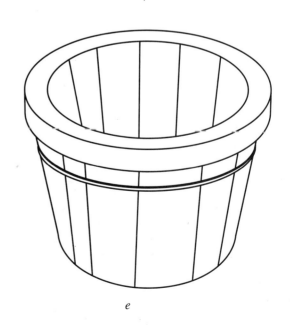

e

卫浴洁具 [5] 木桶

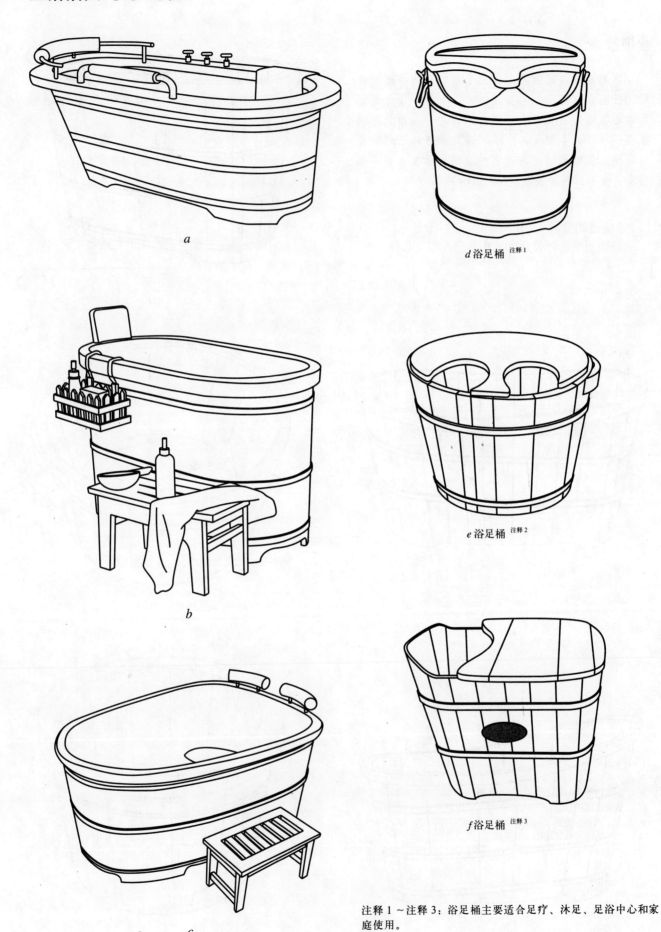

a

b

c

d 浴足桶 注释1

e 浴足桶 注释2

f 浴足桶 注释3

注释1~注释3：浴足桶主要适合足疗、沐足、足浴中心和家庭使用。

坐便器

坐便器，俗称马桶。对于马桶最早的文字记载是在北宋时期，欧阳修的《归田录二》中的"木马子"。汉朝时的《西京杂记》上记载，汉朝宫廷用玉制成"虎子"，以备皇上随时方便使用。这种"虎子"，就是后人称作坐便器、便壶的用具。马桶的发展，几乎摆脱不了盆形和桶形的外观造型。

1 坐便器的分类

根据坐便器的排污方式，可分为以下几种：

1. 冲落式坐厕

利用水流的冲力来排出污物，冲落式坐厕是最传统的。目前国内中、低档坐厕中最普遍的一种排污方式。它的缺点为：池心存水面积较小，容易产生积垢现象；排污时会产生很大的噪声；优点是：价格便宜，用水量小。

2. 虹吸冲落式坐厕

它借冲洗水在排污管道内充满水以后，所形成的压力（称为虹吸现象）将污物排走，这种坐便器属于第二代坐便器。此种坐便器不借水力冲走污物，所以池壁坡度较缓，内有一个完整的呈侧倒状的S形管道。

缺点是：存水面积较大、深度较深，容易有溅水现象，用水量大。

3. 虹吸喷射式坐厕

它是根据虹吸冲落式坐厕进行改进的坐厕，增设喷射辅道，喷射口对准排污管道入口的中心，喷射口径约为20cm，借其较大的水流冲力将污物推入排污管道内，同时借大口径的水流量加速虹吸作用的产生，加快排污速度。优点在于有效地减低气味、防止溅水；由于射流是在水下进行，所以噪声问题得到有效改善。

4. 漩涡式坐厕

这是目前最高档的坐厕，利用冲洗水从池底沿池壁的切线方向形成旋涡，随着水位的增高而充满排污管道，当便池内水面与便器排污口形成水位差时，虹吸形成，污物随之排出。优点是：冲水过程既迅速又彻底；存水面积大，气味小，噪声低。

1596年，英国贵族约翰·哈灵顿设计了世界第一个使用水冲的、具有现代意义的马桶，这种新型马桶被安装在了伊丽莎白女王的王宫里。1775年，英国的钟表师卡明斯对马桶的储水器进行了改进，使储水器不仅能在每次用完水后自动关住阀门，还能让水自动灌满储水器。直到18世纪后期，英国发明家约瑟夫·布拉梅设计出了防止污水管溢出臭味的U形弯管。

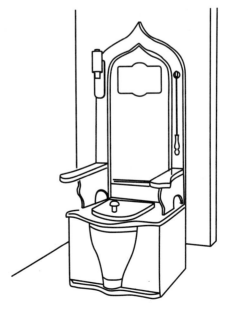

欧洲早起宫廷贵族使用的马桶

卫浴洁具 [5] 坐便器

2 有存水弯的冲水式坐便器

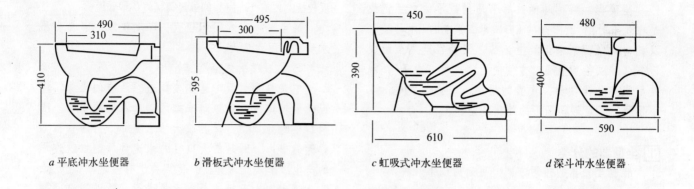

a 平底冲水坐便器　　b 滑板式冲水坐便器　　c 虹吸式冲水坐便器　　d 深斗冲水坐便器

3 无存水弯冲水式坐便器

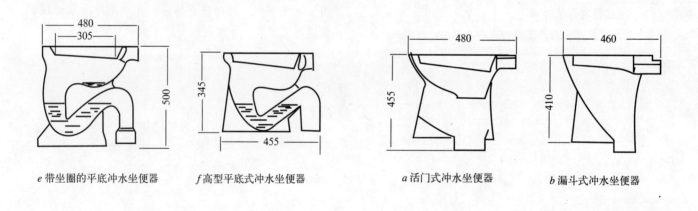

e 带坐圈的平底冲水坐便器　　f 高型平底式冲水坐便器　　a 活门式冲水坐便器　　b 漏斗式冲水坐便器

4 坐便器把手

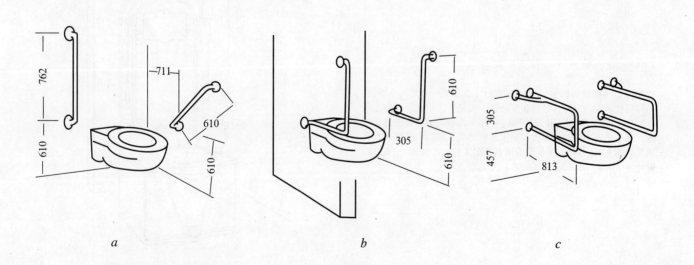

a　　b　　c

坐便器　[5] 卫浴洁具

5 虹吸式坐便器

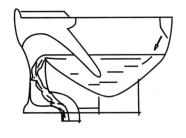

a 开始进入水

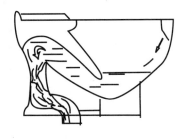

b 开始虹吸

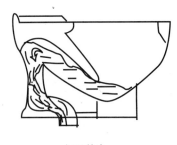

c 虹吸结束

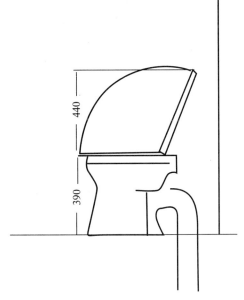

带水平排水短管、90°弯头和冲洗阀的通用坐便器

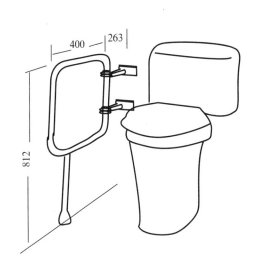

乘坐手推车的病人使用的可移动双把手

6 坐便器

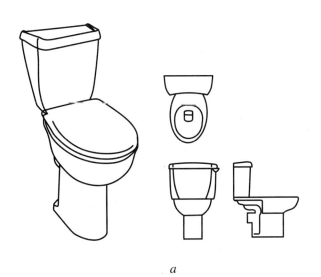

a

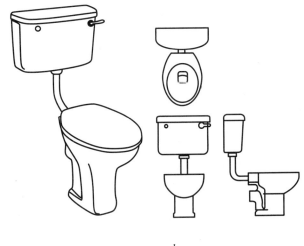

b

193

卫浴洁具 [5] 坐便器

a

b

c

d

e

f

坐便器 [5] 卫浴洁具

卫浴洁具 [5]   坐便器

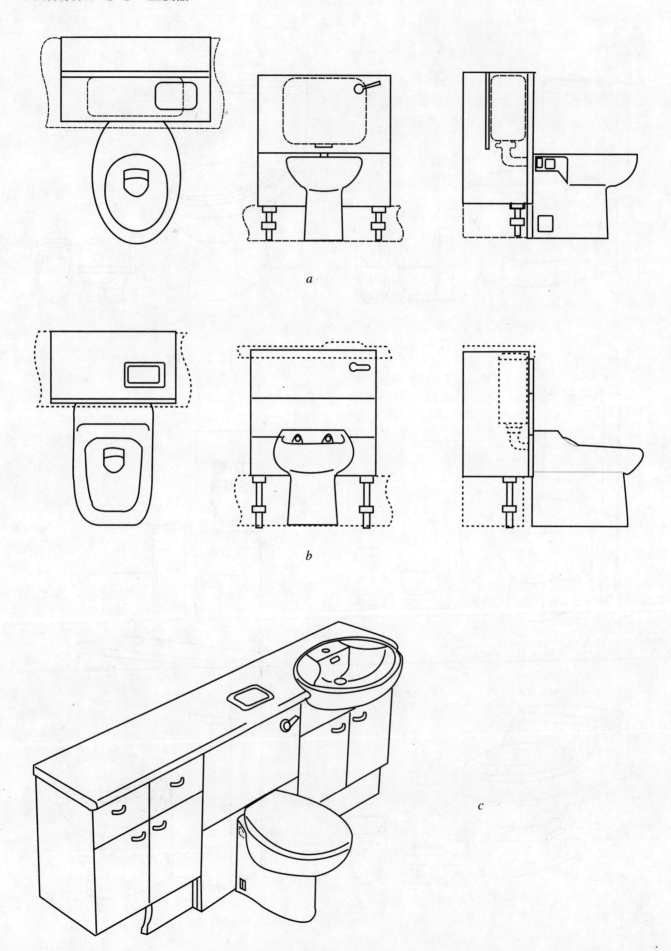

蹲便器　[5] 卫浴洁具

蹲便器

蹲便器是指使用时以人体屈蹲式为特点的便器。蹲便器分为无遮挡和有遮挡；蹲便器结构有返水弯和无返水弯。简易蹲便器由冲洗阀、便盆组成。

主要分类

1. 按类型分为：挂箱式、冲洗阀式。
2. 按用水量分为：普通型、节水型。
3. 按用途分为：成人型、幼儿型。

主要规格

1. 推荐尺寸：成人型：长610mm、宽270mm；幼儿型：长480mm、宽220mm；
2. 进水口中心至完成墙的距离应不小于60mm。
3. 任何部位的坯体厚度应不小于6mm。
4. 所有带整体存水弯卫生陶瓷的水封深度不得小于50mm。

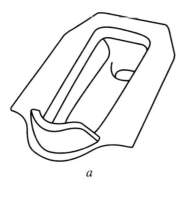

a

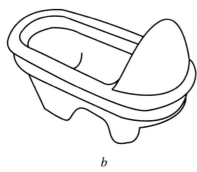

b

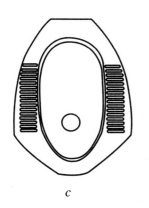

c

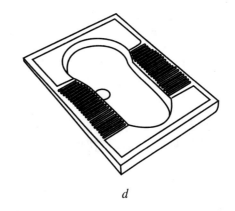

d

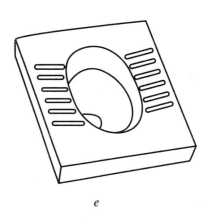

e

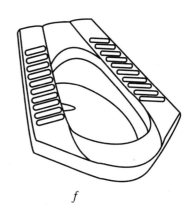

f

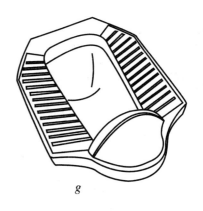

g

卫浴洁具 [5]　蹲便器

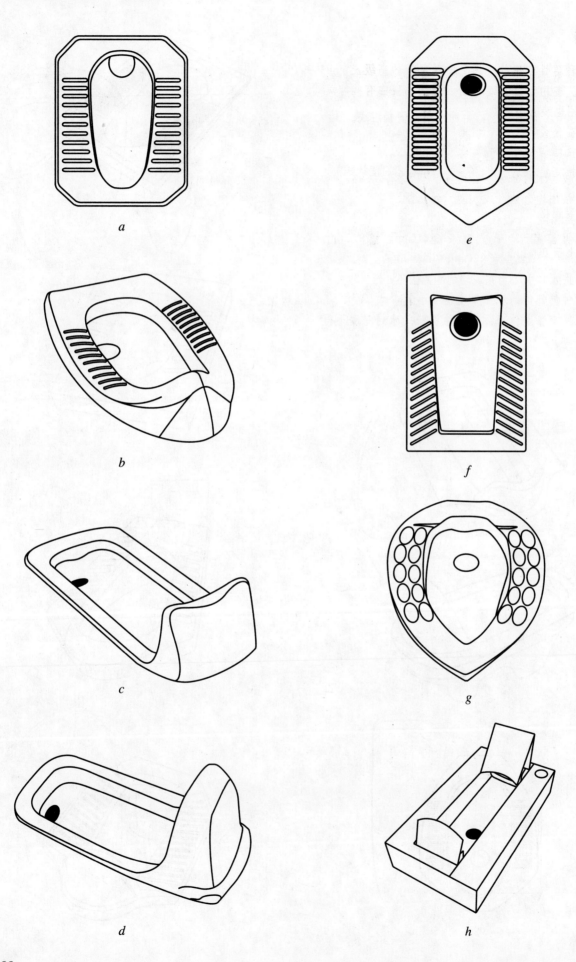

198

小便器

一种男性专用的、用于排放尿液的高级瓷制卫生洁具。多用于公共建筑的卫生间。现在有些家庭的卫浴间也装有小便器。

主要分类：
1 按结构分为：冲落式、虹吸式。
2 按安装方式分为：斗式、落地式、壁挂式。
3 按用水量分为：普通型、节水型。

主要规格：
1 用冲洗阀的小便器进水口中心至完成墙的距离应不小于60mm。
2 任何部位的坯体厚度应不小于6mm。
3 水封深度（强制性要求）所有带整体存水弯卫生陶瓷的水封深度不得小于50mm。

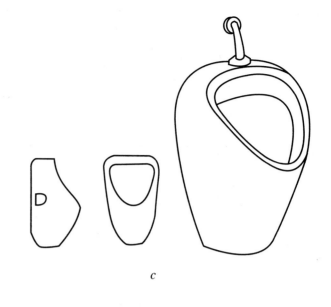
c

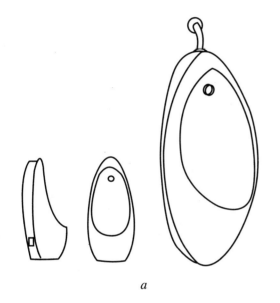
a

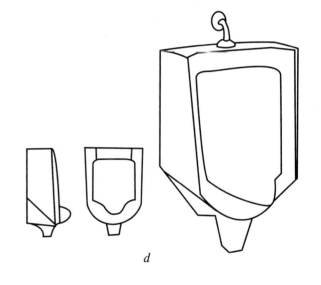
d

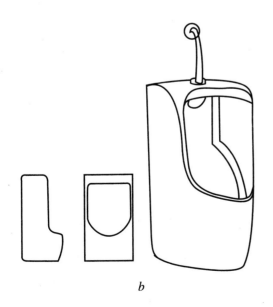
b

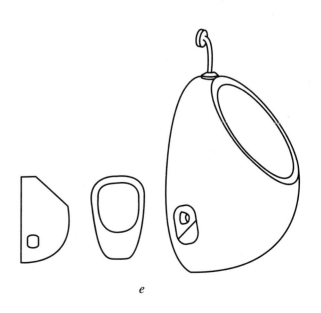
e

卫浴洁具 [5] 小便器

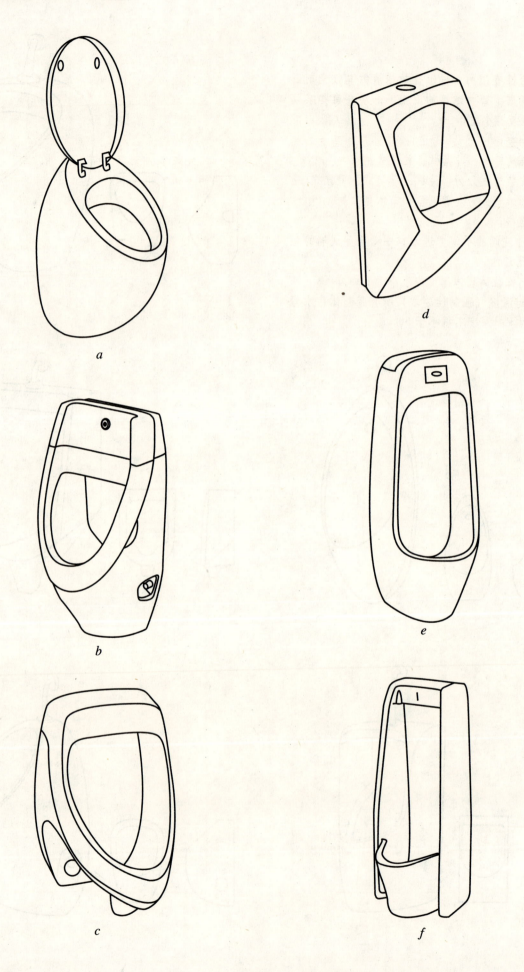

a
b
c
d
e
f

妇洗盆

妇洗盆是专门为女性设计的洁具产品。妇洗盆也叫做妇洁器、洁身器、净身器、净身盆等，是一种带有喷洗的供水系统和排水系统，洗涤人体排泄器官的釉陶瓷质卫生洁具。妇洗盆外形与马桶有些相似，比马桶要小些，设计造型上显得秀气、柔美、乖巧。

妇洗盆根据洗涤水喷出的方式，可分直喷式、斜喷式和前后交叉喷洗式。其功能与加装在马桶上的洗便器不同，主要是为女士清洁私处而设。据调查，在中国的旧屋重新装修后想要加装妇洗盆比较困难，这使一部分有意提高生活享受的旧屋主很难实现。所以，妇洗盆的销售一般都集中在星级酒店装修的批量采购，零售量非常少。目前市场上的妇洗盆大多是进口品牌，价格不菲。但是，越来越多的家庭也安装了妇洗盆，因为妇洗盆方便易用，用水量极少，节约水。假如不够时间淋浴，但是又想迅速地清洗局部时，妇洗盆是比较理想的选择。

1 妇洗盆的使用和安装高度

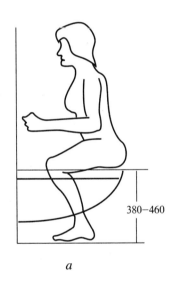

a

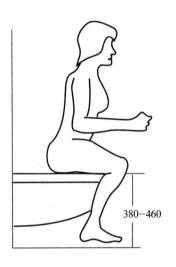

b

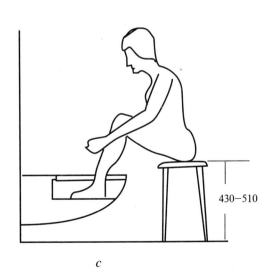

c

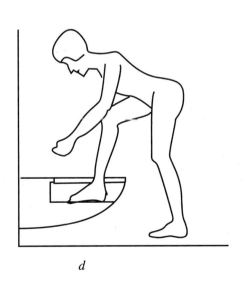

d

卫浴洁具 [5] 妇洗盆

2 妇洗盆的注水方式

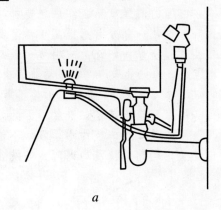

a

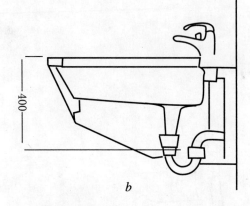

b

3 妇洗盆的外观形式

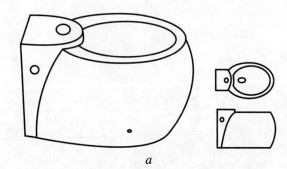

a

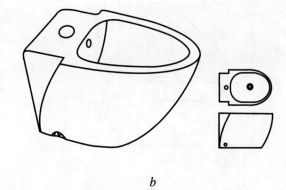

b

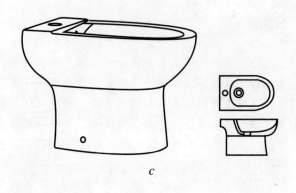

c

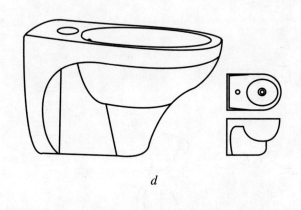

d

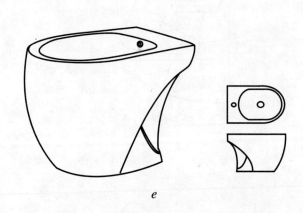

e

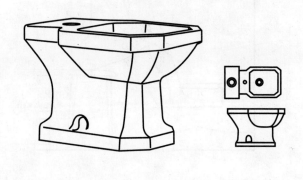

f

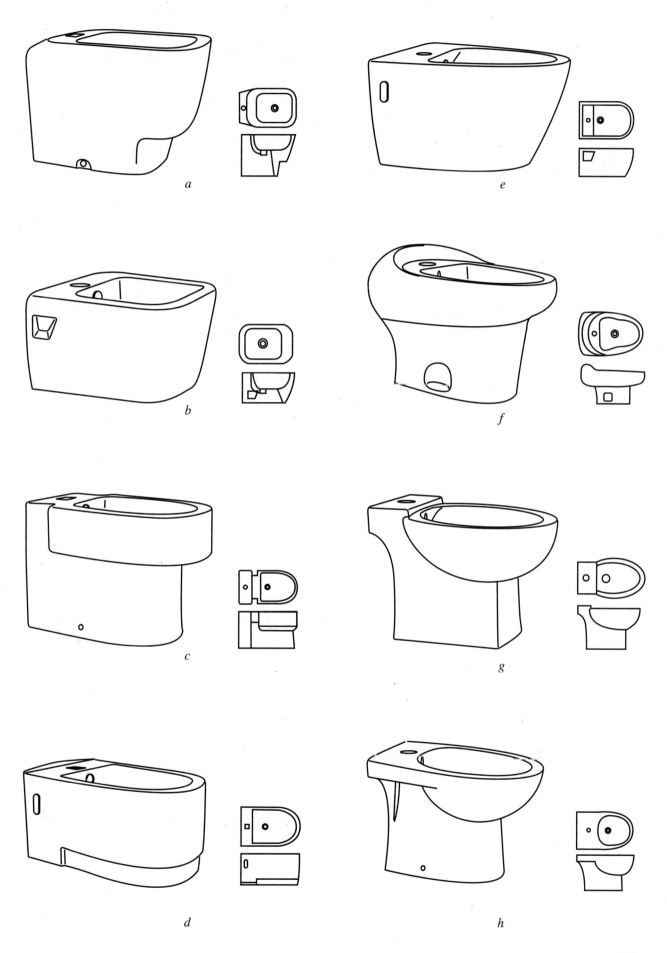

卫浴洁具 [5] 妇洗盆

妇洗盆 [5] 卫浴洁具

卫浴洁具 [5]　地拖桶

地拖桶

地拖桶一般有金属、不锈钢或塑料制成。地拖桶一般可分为两个部分：一部分用于存放清洁剂，另一部分存放冲洗拖布的水。

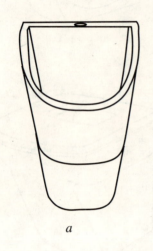

a

b

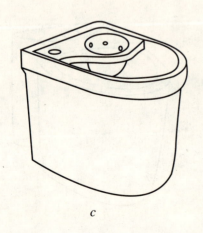

c

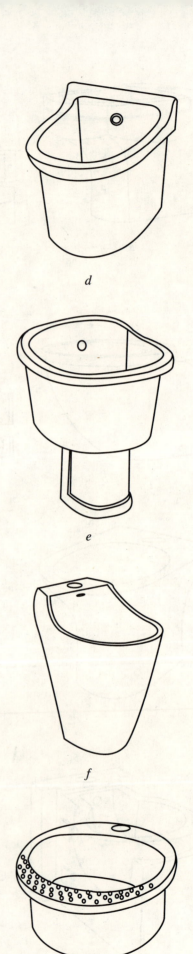

d

e

f

g

地拖桶 [5] 卫浴洁具

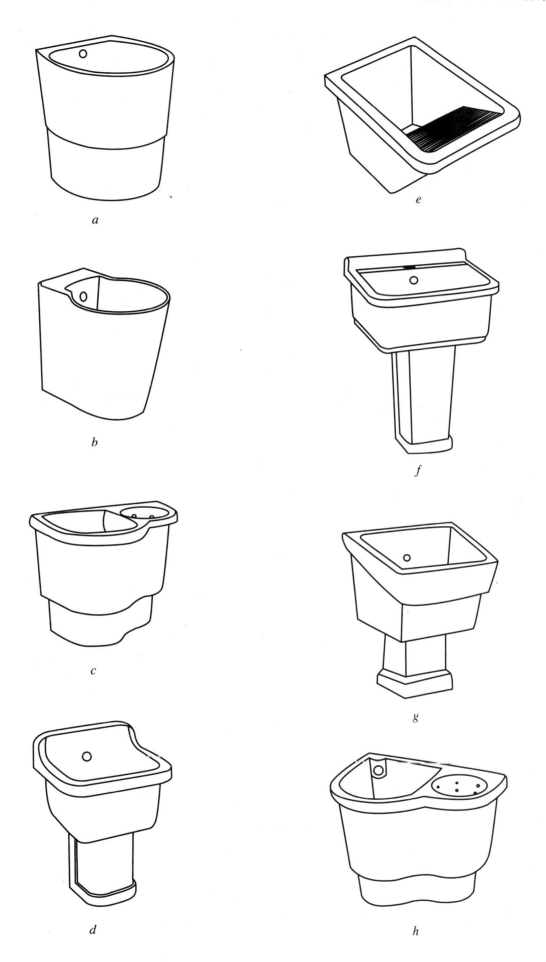

207

卫浴洁具 [5] 水龙头·花洒

水龙头

通常说的水龙头是水嘴的俗称。最常见的是单杆式水龙头，一个控制杆，就可以调节水的温度和流量，方便操作。

1 水龙头的分类

根据材料，可分为铸铁、全铜、全塑、合金材料水龙头等。

根据功能，可分为浴缸、面盆、淋浴、厨房水槽水龙头等。

根据结构，可分为单联式、双联式、三联式等水龙头。除此以外，还有单手柄和双手柄。单联式可接冷水管或热水管；双联式可同时接冷热两根管道，大多用在浴室洗面盆或者需要供应热水的厨房里的洗菜槽的水龙头；三联式水龙头不仅可接冷热水两根管道，而且还可以接淋浴喷水头，或者浴缸的水龙头。单手柄水龙头通过一个手柄即可调节冷热水的温度。

根据开启方式，可分为螺旋式、扳手式、抬启式和感应式水龙头等。螺旋式手柄使用时，要旋转很多次；扳手式手柄通常只要旋转90度；抬启式手柄只需向上一抬便可出水；感应式水龙头把手放到水龙头下，就会自动出水。此外，还有延时关闭的水龙头，关上开关后，水继续流几秒钟才停，这样可以将手上沾到脏东西冲洗干净。

根据阀芯分，可分为橡胶芯、陶瓷阀芯和不锈钢阀芯水龙头等。阀芯是影响水龙头质量的最关键因素。橡胶芯水龙头，现在已经基本被淘汰；当今普遍使用的水龙头为陶瓷阀芯水龙头，质量较好；不锈钢阀芯是最近才出现的，适合水质比较差的地区。

2 生产水龙头的一般流程

铜锭→溶解→浇铸→铸后清理→铸品检验→机械加工→公差检验→研磨→表面检验→电镀→电镀检验→组装→测试压力→成品检验→成品包装→出厂。

3 生产水龙头的一般工艺

浇铸：低档的水龙头用翻砂浇铸，高品质的水龙头用重力铸造。压铸是现在比较新的技术，一次压铸成型，与锌合金压铸工艺同出一辙。

品质管控：在水龙头成品之前的生产过程中的品质都由品质管理管控，后期成本到包装由品质保证部分进行抽检，主要是检查产品的包装、摆放。

花洒

花洒指淋浴用的喷头。

花洒的种类有三种：①手提式花洒：可以将花洒握在手中随意冲淋，花洒支架有固定功能。②头顶花洒：花洒头固定在头顶位置，支架入墙，不具备升降功能，不过花洒头上有一个活动小球，用来调节出水的角度，上下活动角度比较灵活。③体位花洒：花洒暗藏在墙中，对身体进行侧喷，有多种安装位置和喷水角度，起清洁、按摩作用。

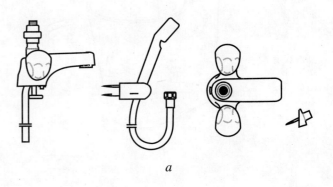

a

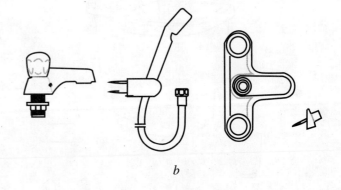

b

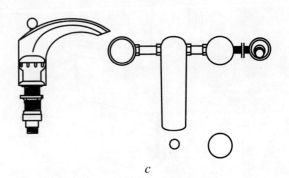

c

水龙头·花洒 [5] 卫浴洁具

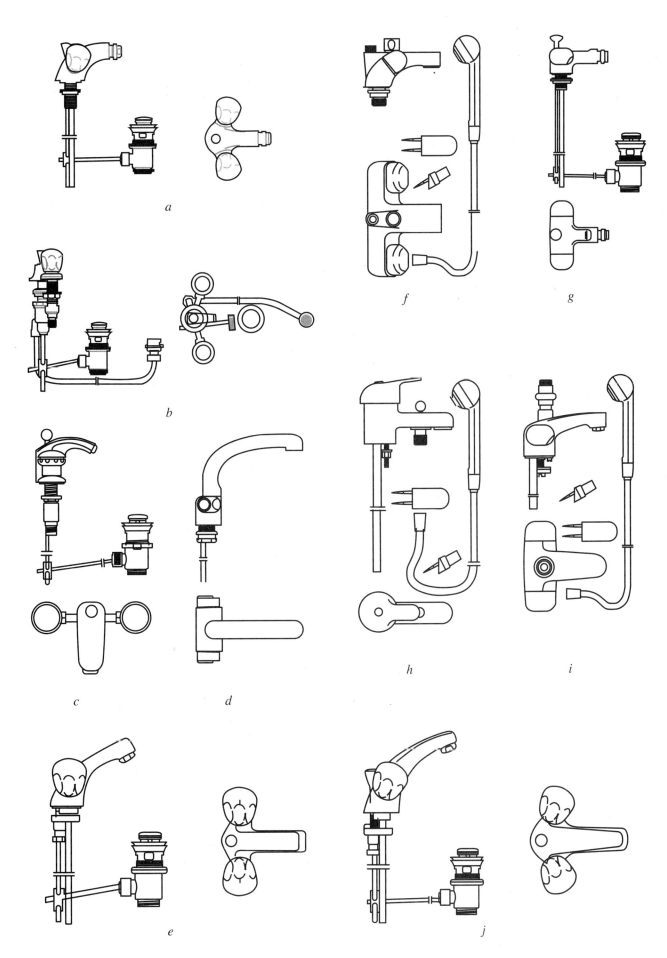

卫浴洁具 [5]　水龙头·花洒

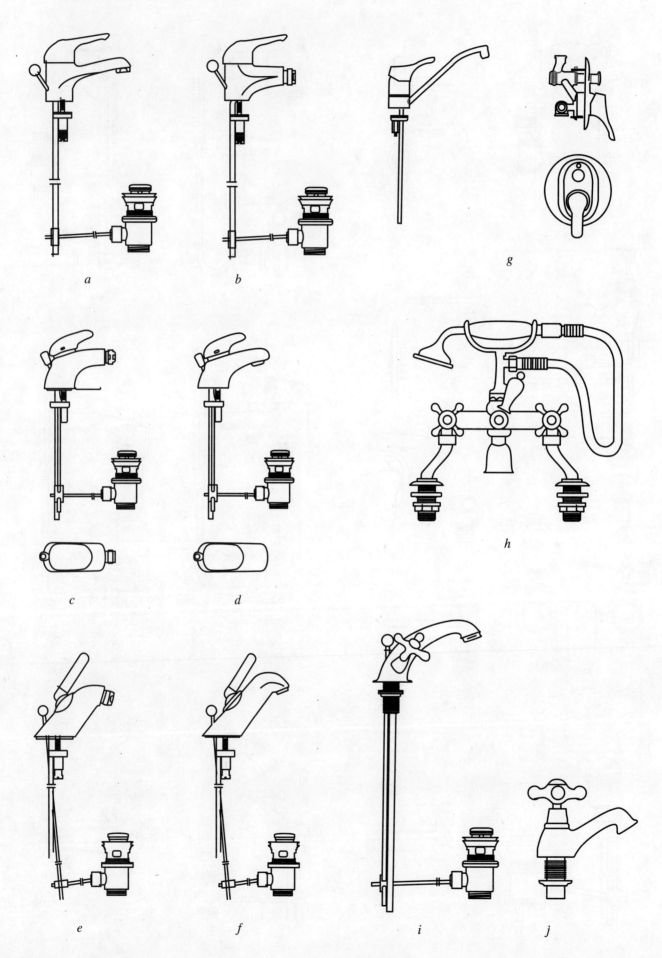

水龙头·花洒 [5] 卫浴洁具

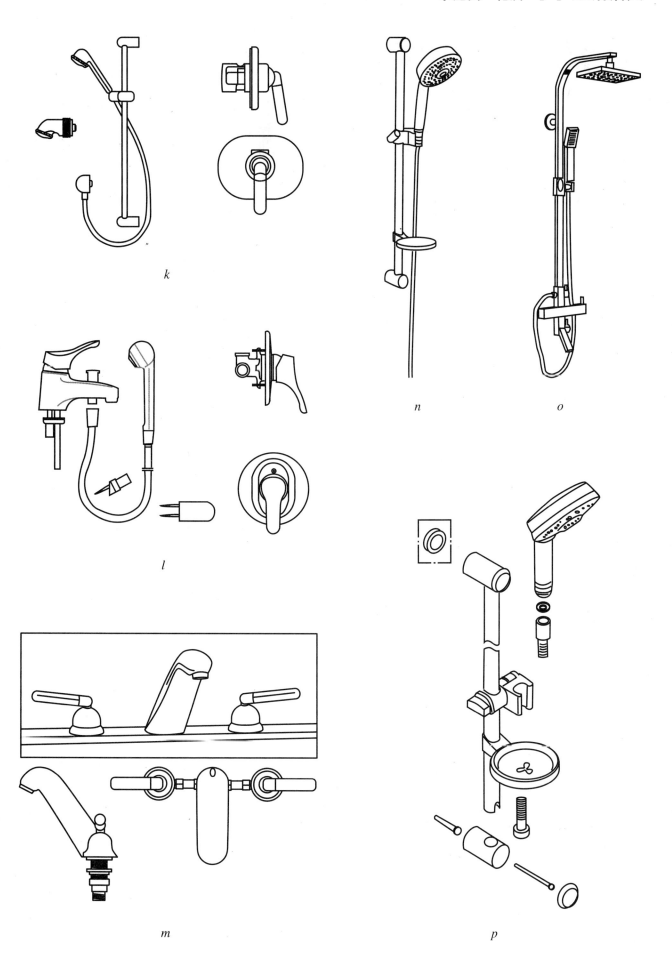

211

卫浴洁具 [5]　卫浴配件

卫浴配件

卫浴配件的套系很多，主要包括镜子、牙刷杯、牙杯架、肥皂台、毛巾杆、浴巾架、衣钩、纸筒架、挂衣钩以及马桶刷盒。

卫浴配件由于使用频繁、产品更新很快，属于易耗品。从材质上看，目前市场上的卫浴五金以钛合金、纯铜镀铬、不锈钢镀铬三种材料为主。钛合金的五金件最精致耐看，但价格最为昂贵；纯铜镀铬的产品可有效地防止氧化，质量有保证，是目前市场的主流；不锈钢镀铬价格最低，但使用寿命也最短。从色泽上看，这些新一代的卫浴五金产品大多摆脱原有生硬冰冷的不锈钢色，银白色和黄铜色占据了现在的主流。

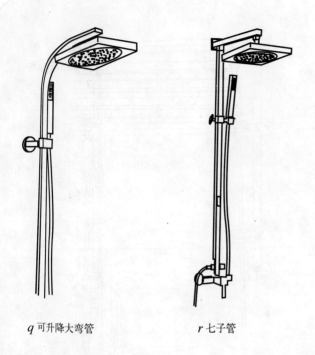

q 可升降大弯管　　　r 七子管

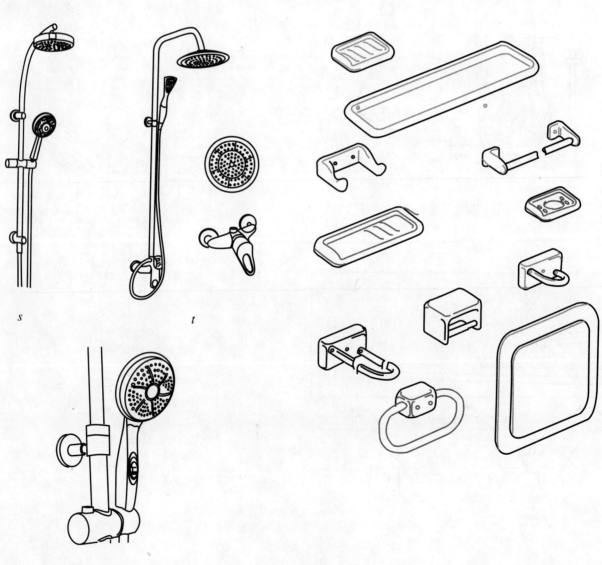

s　　　　t

u

香皂盒 [5] 卫浴洁具

香皂盒

香皂盒，是生活日常用品之一。

一般的香皂盒由盒体和盒盖组成。香皂盒里有两个盒体，盒体与盒体是上下垂直配置，盒体与盒体之间通过支撑架连接。香皂盒内的空间分隔成独立的两个格，盒体内设置有一块挡板。连接上下盒体间的支撑架是一面或对应的两面封闭。但是随着社会的发展，一些打破传统的创意香皂盒也不断流行开来，为生活增添了情趣。

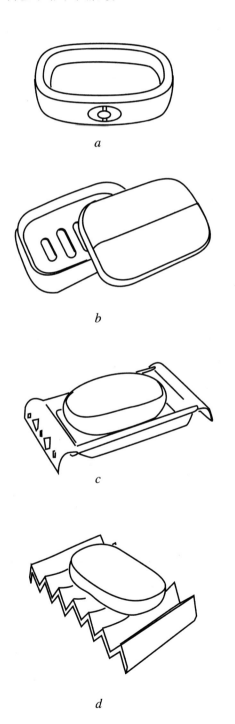

a

b

c

d

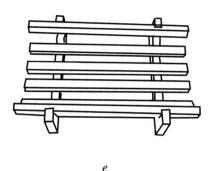

e

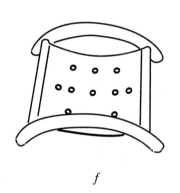

f

g

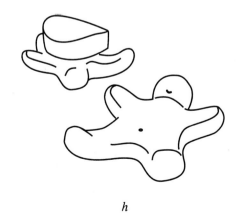

h

卫浴洁具 [5] 香皂盒

214

马桶刷架 [5] 卫浴洁具

马桶刷架

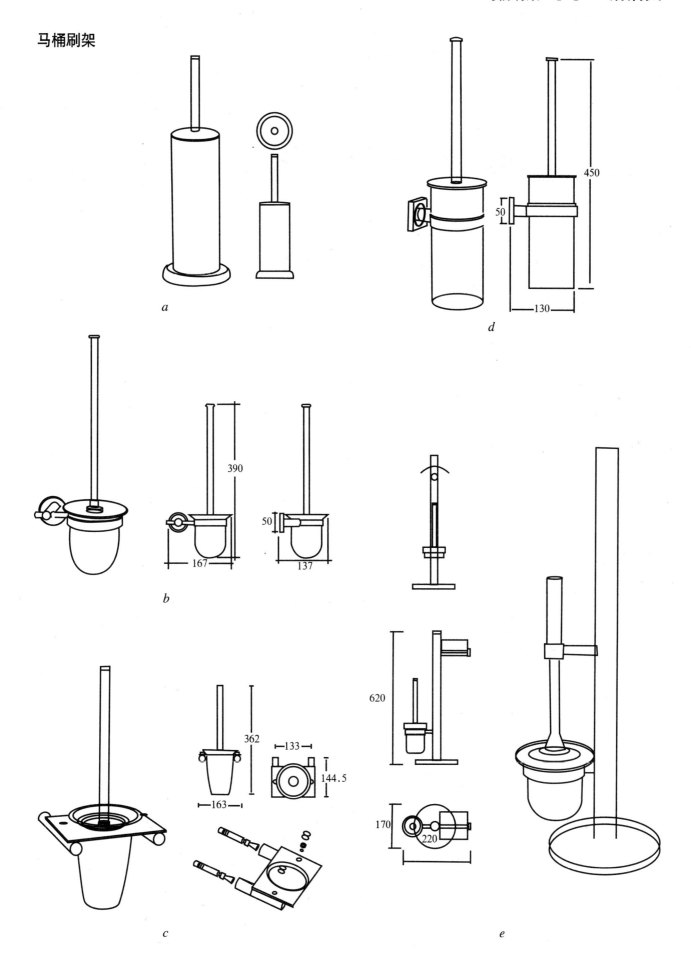

卫浴洁具 [5]　置物架·杯架

置物架

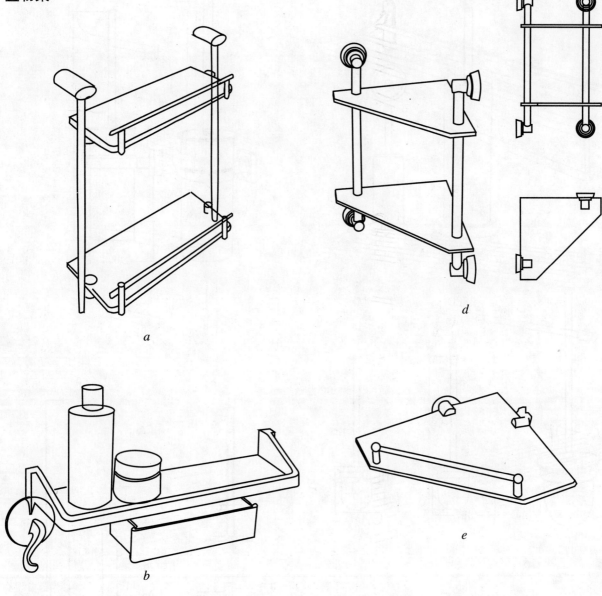

杯架

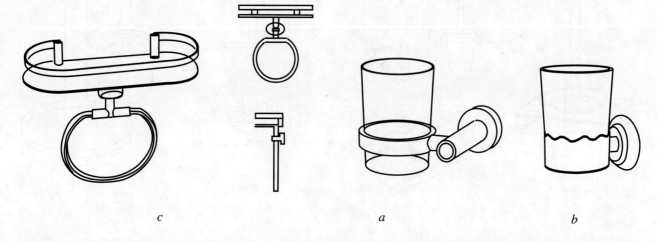

毛巾架 [5] 卫浴洁具

毛巾架

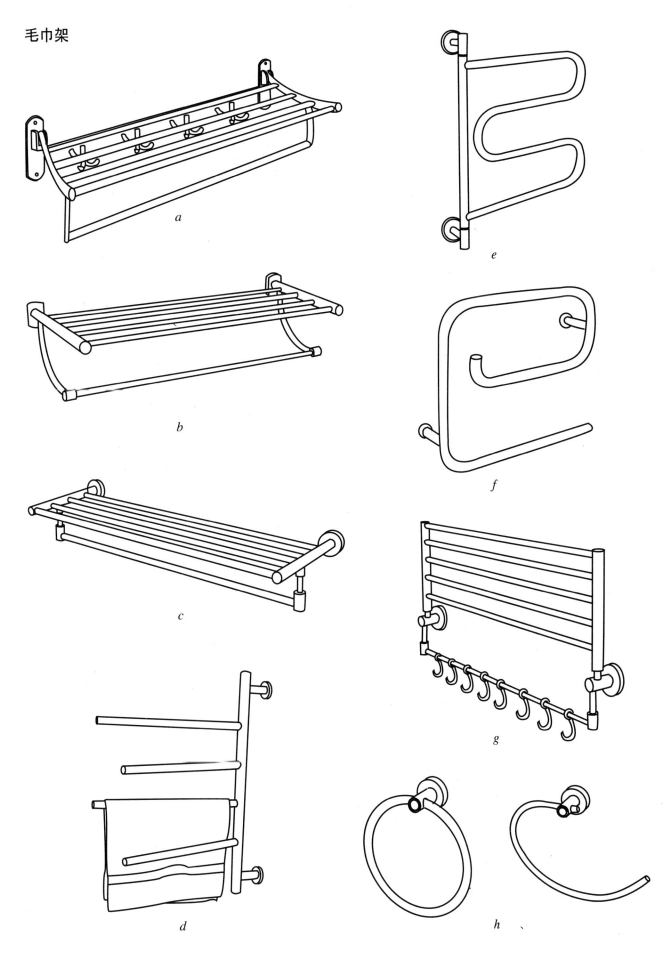

后 记

家具、灯具、卫生产品设计紧密地与现代的社会政治、科技文化相联系，紧密地与人民的生活方式相联系。一个好的产品不是孤立的，也不是凭空想象、信手拈来，随意拼造可得到的。它必然是设计师对社会意识的领悟，对科技发展和时代风貌等等的综合理解与研究，凝固提炼而就的。

本书如能为我国的工业设计推波助澜，能为工业设计的发展添砖加瓦，便是我们最大的欣慰。

本书中的家具、灯具篇为单晓彤老师主持编撰。卫生洁具篇为汤重熹老师主持编撰。研究生冯宝亨、线文瑾、梁祝熹、高翠萍等同志积极参与了本资料集的编辑工作，全书由单晓彤老师负责总体策划与统稿。

在此，我们向为该书编辑出版作出奉献的中国建筑工业出版社的李东禧主任和李晓陶编辑，以及全体为这套资料集的出版作出贡献的同志们致以敬意！他们的积极支持配合，善意催促，耐心等待都让我们在繁忙而缓慢的编撰过程中感到愧疚，不断激起我们的信心与责任感。并在此对关心和支持本集编撰的学者和同行们表示衷心的感谢！

作者
2010.12

图书在版编目（CIP）数据

工业设计资料集8　家具·灯具·卫浴产品/单晓彤，汤重熹分册主编. —北京：中国建筑工业出版社，2010.12
ISBN 978-7-112-12680-4

Ⅰ.①工… Ⅱ.①单…②汤… Ⅲ.①工业设计-资料-汇编-世界②家具-设计-资料-汇编-世界③灯具-设计-资料-汇编-世界④浴室-卫生设备-设计-资料-汇编-世界 Ⅳ.①TB47

中国版本图书馆CIP数据核字（2010）第226960号

责任编辑：李晓陶　李东禧
责任设计：董建平
责任校对：马　赛　张艳侠

工业设计资料集 8

家具·灯具·卫浴产品
分册主编　单晓彤　汤重熹
总　主　编　刘观庆
*
中国建筑工业出版社出版、发行（北京西郊百万庄）
各地新华书店、建筑书店经销
北京嘉泰利德公司制版
北京蓝海印刷有限公司印刷
*
开本：880×1230毫米　1/16　印张：$14\frac{1}{4}$　字数：542千字
2010年12月第一版　　2010年12月第一次印刷
定价：68.00元
ISBN 978-7-112-12680-4
　　（19940）

版权所有　翻印必究
如有印装质量问题，可寄本社退换
（邮政编码100037）